U0050987

郭台銘的情人

夏普

被台灣買走的日本百年企業

姚巧梅——著

SHARP

夏普之後是東芝？台灣黑船叩關。
日本史上第三次開國，進行中……

聯名推薦

詹文男 資策會產業情報研究所（MIC）資深產業顧問兼所長
任耀庭 淡江大學日本財經研究所所長
安田峰俊 日本作家
陳思宇 內容力有限公司營運企劃長，台灣大學歷史學博士

本書簡介

鴻夏戀這個2016年台灣和日本經濟圈最熱門的話題，其至為關鍵的舉動，正要拉開序幕。世界100強執行長郭台銘窮追夏普四年為哪樁？鴻海能否因而成為品牌公司？百年老舖夏普能否回春？兩家企業身心靈能契合嗎？所有人都很好奇。本書試著從台灣人的角度，透過鴻海與夏普台日兩種不同文化的交會、衝突和發展可能，帶領讀者一窺鴻夏聯姻的背後與前景。

1912年創業的夏普創辦人早川德次的故事，在台灣不為人知。他身世坎坷卻迎難而上，是發明家、職人企業家、慈善家，也是日本經營之神松下幸之助最為景仰的朋友和對手。早川專心二意：「誠意」與「創意」的經營理念，形塑了夏普具獨創性的企業風格，影響至今。

大型電機企業夏普被後進的鴻海併購，是日本的第三次開國嗎？

日本野村綜合研究所在《2015年的日本—新開國時代》一書中坦承：「日本的發展力若要與世界的變化、多樣性結合，『第三次開國』勢在必行。也就是日本企業要向世界打開門戶，以及更積極地走向世界。」第一次開國指明治維新，第二次開國指第二次世界大戰後。

從國際併購的角度來看，鴻海積極轉型為國際化科技服務公司的作為，鼓舞人心。因而獲頒2016年「年度最具代表性併購獎」、「最具影響力併購獎」及「最佳跨國併購獎」三項大獎，郭董也以多年的併購佳績獲得「卓越成就獎」。

「夏普和鴻海聯姻是台灣科技產業史上一個重要的

里程碑，而且具有相當指標意義。換句話說，日本的 High touch（高感度）與 High quality（高品質），與台灣廠商的 Flexibility（彈性）與 Speedy（速度）等優勢，應可發揮互補效益。那麼，未來其他日本大廠有可能參考這個方向，而更加緊密兩國產業實質的合作，」是資策會產業情報研究所所長詹文男的期待。

前言　夏普被併購是日本的第三次開國？ ………………………… 007

推薦序　科技史的里程碑　詹文男 ………………………… 012
推薦序　鴻夏戀之後　陳思宇 ………………………… 016

第一章　不能分手的理由：鴻夏戀始末　025

第一節　站在經營的交界點 ………………………… 027
第二節　「那個男人」得償夙願 ………………………… 030
第三節　與扶桑結緣始於壯年 ………………………… 035
第四節　搶親成功致勝關鍵 ………………………… 041
第五節　看不見的「第三個男人」 ………………………… 048
第六節　「台灣歐巴桑」的馬拉松談判 ………………………… 055
第七節　亞洲黑衣人行動了 ………………………… 060

第二章　夏普的故事一：盛者必衰若滄桑　079

第一節　看到 Terry 郭本尊了嗎？ ………………………… 081
第二節　投靠「比太陽還熱情的男人」 ………………………… 087
第三節　沉默山丘・荒涼工廠・暮落東京灣 ………………………… 093
第四節　「大和」與「武藏」艦隊 ………………………… 099
第五節　自己主義的幸與不幸 ………………………… 111

第三章　夏普的故事二：誠意與創意的黃金年代　143

第一節　RoBoHoN，會跳舞的手機 ………………………… 145
第二節　傾聽造物者的聲音 ，海豚金鵬變家電 ………… 150
第三節　專心二意：夏普創辦人早川德次的故事 ……… 154
第四節　「中興之祖」大躍進時代 …………………………… 162
第五節　螞蟻企業與緊急項目 ……………………………… 166
第六節　崛起。明淨如水晶騷動 …………………………… 169

第四章　夏普的故事三：新生夏普與鴻海　193

第一節　郭董進擊的機會與挑戰 …………………………… 195
第二節　開春新年的明與暗 ………………………………… 201
第三節　吉永小百合，太老了？ 夏普股東們的心聲 ……… 207
第四節　不信青春喚不回——夏普從「心」出發 ………… 212

後記 ………………………………………………………… 247

參考書籍、雜誌 ………………………………………… 250

前言 夏普被併購是日本的第三次開國？

鴻海與夏普於2016年4月2日聯姻，決定兩個企業從此命運與共。從國際併購的角度看，鴻海是叩關直入，日本則是開門迎入。有人以「黑船事件」比喻這個併購，但這次率黑船進入日本的是Terry（郭台銘的英文名），而不是Perry（培里，美國海軍將領。1853年率領船身漆黑的黑船抵日，強迫日本打開門戶）。台灣的鴻海以後進身分併購向來以指導姿態出現的日本高科技企業，等於逆轉立場。

「日本的發展力若要結合世界的變化和多樣性，『第三次開國』勢在必行。也就是日本企業要向世界打開門戶，以及更積極地走向世界。」日本野村綜合研究所在《2015年的日本——新開國時代》書中呼籲。第一次開國指明治維新，第二次開國指第二次世界大戰後。

在世界競局中，日本產業因陷入加拉巴哥化（Galapagosization，日本的商業用語，一種警語。用進化論的角度以加拉巴哥群島的生態比喻日本。指出在孤立的日本市場下，獨自發展適合自己的產品與技術，缺乏互換性，導致面對來自國外具普遍性且低價的產品和技術時，陷入遭淘汰的危險），導致手機、半導體、家電、建設和能源環境等產業，先後敗北。

資策會產業研究所所長詹文男指出，鴻夏戀的成敗牽引著台日電子產業合作未來的想像，以及台灣產業是否能夠藉由台日合作更上層樓。「夏普和鴻海聯姻是台灣科技產業史上一個重要的里程碑，而且具有相當指標意義。換句話說，日本的High touch（高感度）與High quality（高品質），與台灣廠商的Flexibility（彈性）與Speedy（速度）等優勢，應可發揮互補效益。那麼未來其他日本大廠有可能參考這個方向，而更加緊密兩國產業實質的合作。」

日本作家安田峰俊則從社會管理學角度預言「是一個值得深思的社會實驗和歷史的轉捩點」。不同於日產汽車由西方人領導改革成功，夏普則由台灣的鴻海主導。而鴻海如何活用上班族意識強的日本從業員創造出高收益組織。是一種實驗。如果鴻海傘下的夏普營運果真上了軌道，「那麼，勢必對今後的日本經濟和社會型態產生影響」。

因併購夏普，鴻海在2016年獲頒「年度最具代表性併購獎」、「最具影響力併購獎」及「最佳跨國併購獎」三項大獎，郭董本身也以多年的併購佳績獲得「卓越成就獎」，鼓勵其積極國際化的作為。

以企業策略而言，鴻海早在2000年就計畫轉型，必須要這麼做。

掌握關鍵的科技技術攸關鴻海未來的存活。對電子產品代工王鴻海而言，夏普的液晶是戰略物資。不僅如此，夏普長年累積的品牌力和技術創新力更是戰力。這一點，在2016年9月19日「生醫產業國際併購趨勢與策略」論壇中，替代郭台銘出席演講的呂芳銘（鴻海副總裁、亞太電信董事長）已證實，收購夏普是鴻海欲透過策略性併購，改變商業模式的第一步。簡言之，鴻海若要轉型為「科技服務」企業，必須借重夏普。

眾所周知，鴻海在未來10年布局的關鍵詞包括：工業4.0與互聯網、虛實六流融合、雲移物大智網+機器人、十一屏三網二雲和IIDM-SM創新商業模式。

由此，在鴻海的全球布局中，要借重夏普的是 SDP（堺10代廠）、智慧家電、LCD（薄膜電晶體液晶顯示器）、太陽能和核心部件（光電子元件、半導體零件）等。換句話說，夏普日後將在物聯網、智能家電、綠環保和醫療設備等領域大顯身手。

目前，海內外共有43000名員工的夏普像一艘巨艦，歷經暴風雨，現在仍未駛進安全港口。2008年雷曼金融風暴前夜，夏普的液晶品牌電視「AQUOS」業績衝到頂點時，股價超過2000日圓，最高曾達2445日圓。當時，夏普的經營陣意興風發，開始認真地思考如何超越生涯勁敵松下和索尼，並以股價「5000日圓」作為逆轉勝的目標，畢竟在公司發展的歷史中，有多項產品研發曾是世界和日本第一。但是，才過了10年，股價最低時降至100日圓上下，若以時價算，則等於總額3兆日圓飛灰煙滅。被鴻海接管前（2015年4月止），負債達7千多億日圓，以致被揶揄連禿鷹基金都不屑一顧，怪不得股東氣到跳腳，日本政府相關機構急忙搶救，全民哀嘆連連。

排名2016年全球執行長100強第40名的郭台銘，像一名艦長，為掌握夏普這艘船身的平衡，正調整重心，迎風破浪，尋找應進的航向。儘管鴻海很有自信，但一般台日財經觀察家咸認，企業重建通常需要2～3年以後才知真正的成效。或許因為如此，2016年9月，郭董在創新工廠年度峰會中（深圳舉行）坦承：「收購夏普是個極具挑戰的任務，2萬多個日本同事要融合在一起，是艱巨的工程。」一段話中，關鍵字就有「挑戰」、「融合」和「艱巨」。

被《財富雜誌》（2016年）評為全球500強第25名的鴻海，將如何重建夏普，重建過程中將遭遇哪些挑戰，以及重建融合的綜效為何等等，都是本書探討的重點。另外，郭台銘想要日本人和夏普人想起他的時候，是什麼樣的印象？或者該如何呈現台灣並不熟悉的夏普，讓台灣人能逼近現實地了解它？

本書分為四章。第一章「不能分手的理由」，條理地交代鴻夏戀始末，以及鴻海為何非夏普不可的理由與贏得意中人歸的致勝關鍵等。據了解，這攸關鴻海的轉型策略及其與日本銀行的關係。

第二章「夏普的故事一：勝者必衰若滄桑」，分析百年老舖夏普由盛而衰的關鍵因素，包括巨艦決戰的失誤策略和自己主義的文化因素，並側面描寫衰敗後夏普的現狀。

第三章「夏普的故事二：誠意與創意的黃金年代」，從企業的光明面和經營的延續性角度，回溯夏普創辦人早川德次的理念和精神，如何形塑了夏普具獨創性的文化及其光輝的過去。

接管夏普後，第8任社長戴正吳2016年11月發表，夏普的淨損額較3年前改善。但利潤仍是赤字，而且不完全是鴻海的功勞。2017年2月，副社長野村勝明宣布2016年會計年度（2016年10～12月）。純益42億日圓，終結了9季的虧損紀錄，顯示營業狀況有改善，但仍有負債（約6000多億日圓）。不過，戴桑信誓旦旦，要在2018年帶領夏普從東京證券二部回到第一部，重返榮耀。所以，他實施了哪些重建措施？實施過程中遭遇什麼困難？鴻海的管理軟實力能充分發揮嗎？郭董說收購夏普是他的第二次創業。那麼，這個全球有120萬員工、年營業額約5兆元的領導人，收購夏普的機會和挑戰各是什麼？都會在本書第四章「新生夏普與鴻海」中盡量釐清。

鴻夏戀這個2016年台灣和日本經濟圈最熱門的話題、至為關鍵的互動，正拉開序幕。 鴻海能否因與夏普結合而成為品牌公司？百年老舖夏普下嫁鴻海後能回春嗎？兩家企業身心靈能契合嗎？所有人都很好奇。本書試著從台灣人的角度，透過鴻海與夏普台日兩種不同文化的交會、衝突和發展的可能性，帶領讀者一窺鴻夏戀聯姻的背後與前景。

推薦序

台灣科技史的里程碑

詹文男

在全球電子產業併購史上，鴻海與夏普的聯姻絕對是驚天動地的一篇。從鴻海表明要併購夏普開始，談判的過程就高潮迭起。中間還插入三星的注資，以及傳言中國廠商也將出手的訊息，加上日本產業革新機構（INCJ）加入競局，更讓整個購併過程詭譎莫測。

除了競逐者眾外，夏普的態度也令人難以捉摸。對於鴻海的求親，其除了提出希望鴻海不要干涉經營權且不能裁員等消極條件外，自2012年來，會長、社長、員工、銀行、乃至政府方面的官員等，亦是一路交相變臉，時雨時晴，結論總是欲拒還迎。

▶夏普欲拒還迎的理由

分析何以瀕臨倒閉的夏普在面對鴻海的誘人條件下，仍能矜持再三？觀察可能有以下幾點因素：

其一：談判身段的展示：夏普畢竟是擁有百年歷史的名門企業，特別是作為日本關西地區的產業龍頭，無論談判局勢如何險峻，這都是必然也必要的姿態。若雙方確認達成整併協議，則亦希望能確保夏普員工日後在鴻家軍中，仍能保有某種程度的驕傲與尊嚴。

其二：夏普對鴻海的疑慮：日方根據2012年鴻夏第一次談判破局的經驗，鴻海郭董的條件雖然大器，但之後也因形勢改變而調整，給人口惠而不實之感；而企業文化的融合也是議題。一個以獲利和績效為優先的42年（鴻海於1974年成立）歷史的壯年企業，和一個講究年功序列及人情義理的關西百年老舖之間，單要交易就有難度，何況是牽涉到所有員工身家性命的購併？

其三：官方的態度。這包括金融風險與技術外流的權衡，以及日本政府在重整日本電子產業結構的主導權與發展方向等議題。舉例而言，在日本官方的觀點裡，日本這些叱吒一時的電子電機大廠，除了夏普外，後續還會有持續爆發財務醜聞的東芝（相較於夏普，東芝擁有核電與國防技術，對日本政府是否容忍外資參與重整，會更加棘手）、索尼（日本最驕傲的電子品牌，也是對製造業寄託情感的所在）等名門，隨時都會面對破產的風險。唯有利用這些大廠發生重大危機的時刻，予以產業別的解構與重組（面板與面板併，家電與家電併，重工與重工併…），一方面可延續日本國產技術不致外流，二方面還能提升新公司的事業規模與客戶組合。

但最終夏普還是選擇鴻海，也獲得多數日本產業的支持，主要原因在於以下幾點：日本人認為日本企業積極地併購海外企業，如果自己拒絕被併購，恐遭國際社會詬病；外資企業收購日本企業，反而表現得比較好；無論從資金力或技術力看，鴻海都是優質的企業；產業革新機構缺乏熱情，日本需要的是活力；日本企業缺乏自助的能力，只能指望外資經營；夏普傾頹，反映了日本電機業和政府已落伍，應向汽車業學習改革的精神；資金無國界，經營者是否夠專業才是重點，否則只是米蟲而已；日本應學習合縱連橫的併購策略；僱用問題最重要，員工是智慧財產；日本已沒有需要保護的技術，所以景氣才會如此低迷……等等。

▶合作聯盟的陷阱

平心而論，以台灣一家成立42年的公司，能夠購併在日本擁有百年歷史、且曾經為其國人引以為傲的高科技公司，絕對是台灣科技產業史上一個重要的里程碑。而且其成敗牽引著台日電子產業合作未來的想像，以及台灣產業是否能夠藉由台日合作更上層樓，值得國人給予更多的關注與祝福！

此一購併案若綜效可以發揮，將可為台日產業合作樹立一個卓越的典範，亦即日本的High touch（高感度）與High quality（高品質）與台灣廠商的Flexibility（彈性）與Speedy（速度）等優勢間應可發揮互補效益，那麼未來其他日本大廠有可能參考此一方向，而更加緊密兩國產業實質的合作，相信這也是相關支持者所最樂見的成效！

不過，企業間的融合要成功並非想像中容易，許多實證研究就指出，由於雙方互信不足、合作的目標不一致，或者各自投入的心力不足以提高彼此的績效，都常造成合作無法持續。尤其購併之後還可能衍生許多問題，如組織管理的複雜度提高、經營自主權的可能喪失，以及技術的擴散與流失等問題，更是讓許多企業對合作與聯盟的腳步裹足不前，而這也是未來鴻夏合作需要面對的挑戰。

尤其值得一提的是，雖說過去台日產業合作有許多成功的案例，但大多是根據雁行理論的形式與作法，日本廠商以老大哥的身分將技術移轉給台灣企業，基本上是以指導方的姿態出現，而這也符合日本民族一直以來在亞洲所希望扮演之領導角色。反觀此次鴻夏戀，在電子產業發展歷程中有著輝煌歷史的夏普，正面臨創業百年以來最嚴酷的挑戰，而此時來下指導棋的竟是過去被指導的台灣後進產業，這對於文化相對保守封閉，並擁有民族優越感的日本人而言，真是情何以堪，這也是鴻海必須化解的議題。

鴻夏戀的過程，劇情張力十足，讀者手上這本書從多元角度介紹鴻海夏普談判過程的各方的考量與思考，也分析了夏普的歷史與發展，對於日本企業的經營哲學與文化亦有深入的著墨，希望能更進一步窺探此一併購個案內情的讀者，本書不容錯過！

（中央大學資訊管理學博士、

資策會產業情報研究所（MIC）資深產業顧問兼所長）

推薦序

鴻夏戀之後

陳思宇

2016年初，全球各大財經媒體的焦點，都集中在一齣名為「鴻夏戀」的商戰大戲。世界最大電子代工企業台灣鴻海集團，試圖以大規模注入資本的方式，兼併具有百年歷史的日本電子大廠夏普。這樁超大型的企業併購案，過程幾經曲折，最後竟在幾近破局的狀況下，峰迴路轉，雙方在4月2日簽訂合約，完成併購程序；而在媒體形象上向來毀譽參半的鴻海郭台銘董事長，也再度躍上國際新聞的重要版面。

事實上，鴻海作為巨型的跨國企業，以往已發動過無數次的企業收購案，被媒體稱為台灣成吉思汗的郭董，經常透過兼併入股其他企業方法，一方面取得企業成長所需的關鍵技術；另方面則完成水平與垂直的分工整合，建立了鴻海帝國的事業基礎。然而，對鴻海、郭台銘本人，乃至關心高科技產業發展的人們而言，「鴻夏戀」卻不同於一般的企業收購行動，因為，這個大型的企業兼併案，不但牽涉極其困難的企業改造工程、改變原有的產業版圖，更觸動了交易各方複雜的民族情緒。

無怪乎，在併購案簽約當天，台灣傳媒似乎一掃政經低迷的陰霾，而有揚眉吐氣之感，韓國媒體冷眼旁觀，認為「鴻海買走了日本的自尊心」。而日本各界則懷著不安的情緒，準備迎接另一次的黑船衝擊。

收購日本企業門檻高

就企業經營與公司治理發展的歷史而言，企業間的種種分化或合併，不但是一種長期存在的常態現象，甚至可說是資本主義全球化擴展的重要動力。尤其，自1990年代以降，隨著新自由主義經濟思想的發展，各國政府不斷鬆綁各種公司法規，允許更為多角化、集中化的經營型態，加上區域間持續深化貿易整合，都使現今的企業兼併更接近一般商品交易，跨國間的企業整併活動，更形成一股新風潮。然而，在先進國家當中，日本的產業發展與市場型態較為獨特，因此，在跨國企業的整併過程中，注資、收購日本大型企業，向來被視為是相對困難的工程，必須跨越較高的市場門檻。

首先，由於地理方面等條件限制，日本向來是個偏向內需且較為封閉的市場，而所謂「封閉」，主要表現在兩方面；一方面，在全球化的趨勢下，日本雖然必須與其他市場建立分工，但相對上仍較強調內部市場的特殊需求；另方面，日本是發展較早也相對成熟的市場，以往大多數日本人也認為鄰近國家較為落後，僅是本國企業輸出資本與低階技術產品的市場，對其他國家的企業文化與市場特色，缺少進一步了解的興趣。此外，日本市場重視生產與消費的穩定性，未必追求國外企業帶來的廉價商品或效率服務，因此也成為一種無形的進入門檻。

其次，日本企業的發展，最初都是民族產業型態，強調滿足國內市場的自給自足，以替代對進口產品的需求。二戰後，雖因為日本政府調整產業政策方向，轉而強調出口，但當時主要受惠於低廉的匯率與優勢的技術條件，多數企業的經營心態與組織型態，並未針對國際市場的競爭需求而進行調整，在研發上也主要針對廣大且具高消費能力的內需市場。

傳統上，日本企業強調產業的整合協調，藉由穩定的勞資關係，以及產業上中下游的溝通互惠，追求產業與技術的穩定成長。有些以技術開發取勝的企業，更具備匠人心態，認為技術生產不是簡單的組裝零件，但他們過度追求技術突破，卻往往忽略了成本與效率。前述的日本式生產與企業經營，曾經獨領風騷，然而，一旦後進國家跨越了技術差距，快速追趕，傳統日式經營模式便逐漸失去原有的優勢，甚至因為無法適應新的競爭局勢，紛紛敗下陣來。

另方面，具備技術優勢但經營績效落後的日資企業，雖是許多新興跨國企業企圖兼併、合作的對象，但這些經營出現破綻的日本公司，在組織制度上大都過於僵化，組織文化也較為封閉，導致在企業合併的過程中，不但必須耗費更多有形無形的成本，更可能因雙方的組織文化難以融合，反而難以達成原本預期的綜效。

此外，日本社會與媒體的集體心態，往往對外來企業與投資者，樹立起一道無形但卻聳立的高牆。近代以來，日本人的思維方式，主要是以日本為中心，將世界劃分西方與東洋各國的二元分立架構，普遍流行的「日本人論」，都是將西方視為學習、競爭的對象，一方面，強調日本具有不同於西方的獨特性，無可取代；另方面，更認為，即便日本主動或被迫學習、吸收西方體制，日本文化具備的傳統底蘊，都足以將各種外來文化成分轉化為日本式的新內涵。

因此，現代企業體制，原本應是源自於西方的產物，但對於許多日本人而言，所謂日本式企業體制與組織文化，更近似傳統武士組織、匠人精神融合西方形式後產生的創新發明。由於日本社會與媒體具備前述的集體心態，因此，面對外來企業的投資或是收購，初期多半採取一種敵視或批判的態度，許多以商業競爭為主題的大眾文學或影視作品，更經常將外資與禿鷹掠奪者劃上等號，認為他們不了解日本企業具備的內在價值，竟將公司當作交易標的，破壞日本的企業倫理與文化；而對於來自中國、韓國、台灣等後進國投資者，則大半被描寫為對日本的優秀技術別具心機，僅是企圖掠奪技術與專利。

另方面，一旦外來的企業兼併勢在必行，原本的敵視或批判，便逐漸轉為不安與質疑，許多媒體除了看壞外來兼併的可能綜效，經常批評外資企業必須適應日本的市場環境，降低對既有企業模式與商業秩序造成的衝擊，這些評論自然有所根據，但要求外部力量過分遷就所謂日本式的特性，往往也削弱了外來者所能帶來的「創造性破壞」，反而難以為日本經濟注入活水。個人認為，對於外來投資者而言，最難克服的障礙，恐怕便是此種極端強調日本特殊性的集體心態與衍生的消極抵制。

▶一窺鴻夏戀最新發展

有趣的是，在「鴻夏戀」成立前後，日本媒體與學界已有數本著作探討相關議題，而討論問題的方式與態度，也往往投射出前述的社會心態。對於日本作者而言，針對「鴻夏戀」的首要議題是探討夏普失敗的原因，以及鴻海採取的談判與收購策略，而由郭台銘帶領的鴻海經營團隊，經常出現的形象則是強勢霸道，靈活卻不太守信，重視成本效率而對研發缺少興趣，潛台詞則是源於夏普內部的失敗導致鴻海乘虛而入，而未必是因為鴻海擁有相對優越的經營模式；另方面，對於「鴻夏戀」的未來，則採取較為質疑的態度，認為鴻海應該漸進適應日本的環境，否則將因水土不服而導致失敗。

相較之下，鴻海是否具備改變日本既有經營模式的條件與能力？孕育鴻海的台灣市場與企業文化具備何種特色值得日本借鏡等問題，在「鴻夏戀」討論議題上，多半是點綴性質並且流於片面。

相對於日文著作而言，在華文世界，除了財經媒體針對「鴻夏戀」進行的報導，這本作品，應該是針對相關主題進行深度調查、訪問，並且形成綜合論述的第一部報導作品，也是分析專著，而在內容上一定程度克服了現有日文作品的內在盲點，讓讀者能從更寬廣的角度認識「鴻夏戀」具備的意義與未來發展。

在本書中，作者運用流暢的敘事筆法與一個個精心架構的情節，透過四個不同章節，使讀者很快得以掌握原本複雜的商業收購案件，而且能夠獲得知識上的趣味。另方面，雖然，作者明示是希望透過台灣人的角度探討這項世紀收購案，但實際書寫時，卻是不偏不倚，盡量容納來自台灣、日本，鴻海與夏普等多方面的視角，更全面展現了事件的整體過程。作者首先分析了以郭台銘為首的鴻海經營團隊為何執著於併購日本企業、積極選擇夏普作為目標的心態與想法，並且從另一個側面揭示了台灣與日本企業間既有相知扶持，同時又處於追趕競爭的複雜情結。

而後，快速且流暢地敘述「鴻夏戀」的曲折始末，建構了一幅相當完整的事件圖像。其次，則轉向由內外部原因，分析夏普為何從技術領先的創新者，一轉成為市場競爭的落敗一方，並且在併購案過程中暴露了領導階層的各種矛盾。同時，作者也從持平的立場分析，「鴻夏戀」延宕多時的原因，主要在雙方各自都有包袱與算計，並非鴻海或夏普單一方面造成多次談判破局。此外，作者也回顧了夏普百年的發展歷史，讚許夏普既有體制具備的優點與技術專長，認為「鴻夏戀」的未來，在於鴻海必須發揮原有的成本效率與市場行銷能力，同時融合夏普原有的研發精神與技術優勢。

本書的最大特色，還在於作者持續追蹤「鴻夏戀」的最新進展，讓我們得以理解，一項大型的企業併購案（尤其是針對日本企業進行的收購案件），除了簽約當下帶來的刺激興奮與美好想像，實際上牽涉到各種複雜層面，企業間的融合、再造，未來是否能脫胎換骨？過程將更為曲折而且勢必有不少疼痛。

作者透過紮實的採訪，帶領我們進入夏普工廠、研究單位、股東大會角落，身歷其境，聆聽各方對於「鴻夏戀」的期待與不安。最後，相較於日本觀點，作者客觀分析「鴻夏戀」的當下處境與未來挑戰，同時對於鴻海帶領的新經營團隊抱持相對樂觀的態度，也讓讀者得以認識故事未來方向，好奇的讀者如我本人，便十分期待作未來能帶給我們什麼新的最新故事？

▶冰冷數字後的溫度

認識本書的作者姚巧梅女士，應該遠溯至二十多年前，身為推理小說迷的筆者，當時是透過她的譯筆，才能接觸到台裔日籍小說家陳舜臣先生的成名傑作《枯草之根》。從此除了成為陳舜臣先生的書迷，也成為姚巧梅譯作的忠實讀者。因此，最初當她說要請我看份書稿時，直覺可能是份譯稿，但不料卻是份中文的原創稿件，而且並未告知我作者的大名。

然而，當我第一次接觸到書稿時，除了發現作者擁有相當紮實的採訪能力、十分用功，而且書寫相當流暢，私下揣測應該是名記者出身的創作者。因此，在回函中除了基於史學出身背景的職業習慣，詢問一下資料來源與採訪方法，給予些淺薄的意見，在寫作方面根本沒能幫上什麼忙。沒想到，相隔若干時日，姚巧梅突然來信，告知我她本人就是這本著作的作者，並且誠懇邀我寫序，我才恍然大悟。而後，也更知自己見識淺陋，原來作者在赴日本留學之前，早已是位採訪經歷豐富的記者，除了擁有紮實的寫作訓練（遠非現今年輕記者所能比較），又具備深厚的學院內文學研究背景與翻譯經驗，因此能夠合理且熟練地構建故事，勾勒出鮮明的臨場畫面。

對於商業題材進行的調查報導，實際上是項辛苦的工作，難度絕不下於學院內的專門研究。採訪者除了必須大量消化各種專業知識，方能形成具意義的問題，並且進行有效率的採訪；另一方面，商業報導並非單純呈現冰冷的數字，因為任何商業活動牽涉到都是人們的具體生活，尤其像「鴻夏戀」這般大型的企業收購案，影響的不只是企業的榮枯成敗，更包括成千上萬人們的未來生計，因此，採訪者必須親臨現場，聆聽不同的聲音，才能真正寫出具有溫度的報導內容。

作者在寫作本書的過程中，發揮了記者用腳跑新聞的功力，不但前往日本多處地方，親臨「鴻夏戀」裡的故事場景，透過採訪、書信往返或書籍和資料爬梳，記錄了有名有姓者多達數十人，除了經營層、專家學者、媒體記者，也包括第一線的研發人員與工廠資深技術員，也讓我們聽到了夏普股東大會上股民們的心聲。然而，僅有豐富的採訪或書面資料，也不足以成為一部好作品，優秀的採訪報導必須從紛雜的資料形成觀點，再透過故事將分析觀點傳達給讀者，而學院的思考訓練應該也能提供不小的幫助。

因此，我們可以說，本書是結合了記者的採訪功夫與學者的思考訓練，提煉而成的報導故事，能夠同時提供讀者閱讀與思考的樂趣。

在台灣，以往受限於專業訓練與採訪上的各種限制，本土生產的優秀商業報導作品並不多見。然而環顧各國書市，商業報導作品不但常是暢銷書排行榜上的常客，精彩的商戰故事甚至被改寫為大眾小說或影視作品，例如讀者們耳熟能詳的《不毛地帶》、《華麗一族》、《魔球》、《大賣空》等日文、英文作品，除了創造極高的商業價值，對於普及商業知識，提升對商業文化的理解等方面，也都發揮相當大的功能。

而我本人其實也相當偏好這類型的非虛構報導，此次藉受託寫序的機會，再細讀書稿，除了推薦本書、與讀者們分享閱讀的樂趣與心得，更希望本書出版能帶動優秀作者投入此一類型的寫作。最後，作為讀者的衷心盼望，期待作者經歷記者、譯者、學者等豐富生涯，再次華麗轉身成為一位非虛構作品的創作者，而這部出色的作品應該僅是個開始，未來能再帶給我們更多豐富的報導、精彩的故事。

（台灣大學歷史學博士、內容力有限公司營運企劃長）

第一章

不能分手的理由：鴻夏戀始末

SHARP

2016年4月2日，是台灣和日本產業史上值得記錄的一天。

在大阪府堺市匠町的堺工廠裡，台灣電子帝王鴻海與日本百年企業夏普結為連理，決定命運與共。這場世紀婚禮，不僅是當天台日經濟新聞的頭條，也是重要的國際新聞，吸引了中外媒體記者300多人爭相目睹，會場進口處，夏普的社旗，隨 Foxconn（鴻海的英文社名）的社旗迎風飄揚。

這一天，大阪風和日麗，和台灣人辦喜慶所期盼的天候一致。至於選擇在堺市的堺工廠簽署結盟合約，並非偶然。

堺工廠辦公大樓大廳

堺市鄰近港口，十四世紀就有「東方威尼斯」之譽。1960年代，新日本製鐵進駐後，臨海工業經濟更為活絡。後來，新日本製鐵撤離，2009年，由號稱世界第一大10代液晶廠的夏普堺工廠（簡稱SDP，Sakai Display Products），承繼原佔地127萬平方公尺的廣大面積，展開營運。迄今，此處仍是日本第一級行政區大阪府的工業重地，是日本從重工業轉型至電子工業的地標，同時見證了日本大型電機企業首度被新興國企業收購的歷史滄桑。

2012年，鴻海對堺工廠出資37.61%（2016年增至53.5%），以與夏普共同經營的方式，專門生產4K液晶面板及太陽能電池等。在鴻海出資前，堺工廠因建廠費用高昂和營運成績不佳導致營業赤字。鴻海介入後，以一個月生產8萬枚尖端的10代面板，開工率達85%的成績，於一年後，獲得盈收400多億台幣的佳績。鴻海

的經營手腕不脛而走。

▶站在經營的交界點

因此，稱堺工廠是鴻海在日本事業上的「起家厝」，也是台灣和日本企業結盟的試金石應不為過。2016年7月1日起，夏普的新總部也遷移至此，原大阪阿倍野區長池町的舊總部脫售後又買回（據聞將做開發尖端技術等新基地）。8月22日，夏普百年的首任外籍社長戴正吳，向媒體發表談話並公布三大經營改革方針（重新認識業務流程、大幅提高成本意識、賞罰分明的人事制度）和組織異動（Box1），宣誓將帶領失去主導權的夏普，重拾競爭力。堺工廠是一座環保工廠，具備省能源及再創能源的能力，工序全自動化、無塵、二氧化碳排放量少，有「世界最先進的綠化工廠」之譽（Box2），曾獲大阪府首長設計獎。

從地理位置看，在古代，「堺」曾位於攝津國、河內國、和泉國三個國家的交界。堺的日文發音是 sakai，「左海」和「境」是其借字，字義本身就有國境、邊界之意。郭董曾明言，收購夏普是他的二度創業。從地名讓人聯想，世界第一代工王鴻海，果真能從這裡越界，掙脫承包商的形象，蛻變成有品牌及研發能力的高端企業嗎？頗耐人尋味。

地名予人的想像無限。堺工廠位在的「匠町」（原為築港八幡町），如其字義所呈，自古這裡的居民即以長於經商及熟練高超的技術取勝。匠町的傳統產業是鍛冶和不鏽鋼菜刀。聽說日本有9成的料理家都使用匠町鍛造的菜刀，世界各地也有不少大廚是粉絲。在十五世紀戰國時代，這裡盛產火繩槍，練就鍛冶鐵筒的功夫，後來運用在汽車車體，成為發展汽車工業的原動力。堺市活絡的商貿、商人情態和人文薈萃常見文藝作品。日本茶聖千利休（1522-1591年），就是堺市人，其茶道美學人盡皆知，帶動茶具商機更不在話下。1970年代，作家城山三郎（1927-2007年）的小說被改編成 NHK 大河劇「黃金日日」，主角也是活躍在戰國時代堺市的貿易商人，節目播出後，還帶動觀光熱潮。商業小說鼻祖井原西鶴（1642-1693年），在談經商之道的名作《日本永代藏》裡，刻畫了許多型態的商人。提及堺市商人時，以「勤勞節儉致富」表現，強調他們珍視金錢的務實作風。或許是巧合，鴻海總帥郭台銘原籍山西，山西以晉商著稱。晉商文化崇尚簡約樸實，從十七世紀後半執中國貿易及金融牛耳及200年。

物換星移。同樣在大阪堺市，2016年4月2日發生的事件非比尋常。鴻海與夏普的一紙婚約，決定兩個企業從此是一生的伴侶。而且，在僅次美國、中國，全球第三大經濟體的日本國，一家歷史悠久、號稱八大電機之一的企業，將經營的主導權交給後進國的企業，可說是日本近200年產業史上未曾有的事；對台灣而言，和脫離日本殖民的1945年一樣，足以成為街談巷議的話題。

這件事所代表的意義，大概只有1990年代，日產和雷諾史無前例的聯盟堪可比擬。和電機產業一樣，汽車也是支撐日本戰後經濟的核心產業。1999年，法國雷諾取得瀕臨破產的日產36.8%股份後，派遣卡洛斯・戈恩（Carlos Ghosn，黎巴嫩裔法國人，1954年出生）擔任日產COO（首席經營官），出手拯救連虧7年的日產，同樣成了全球矚目的新聞。

日本早在明治維新時期（1868年以後）就迫不急待想「脫亞入歐」，但即使是法國雷諾，究竟並非一流，要排行日本汽車三大的日產接受被納入麾下的事實，在心理上難以平衡，也沒人樂觀其成。但是，3年後，戈恩祭出日產復興計劃（Box3），把日產從加護病房救出，重獲新生。

外國人戈恩施展魔法，救援日本企業成功，被財富雜誌評為「亞洲商業歷史上最成功，也最具戲劇性的事件」。「戈恩魔法」流傳至今，他本人則被譽為近百年對日本社會產生顛覆性影響的三個西洋人之一。其他兩名是1853年的美國海軍將領培里和1946年的美國麥克阿瑟將軍。前者因率領黑船強迫日本開國而聞名；後者以開明進步的思想，短暫接管戰敗後日本獲得好評。

從結果論來看，現在的日產重登日本第二大汽車寶座，重振國際聲威，足見戈恩的改革是成功的。此外，留日多年的中國學者喬晉建也以「謙虛、講理」形容戈恩。戈恩因形象正面，事蹟還被編成漫畫《卡洛斯・戈恩物語》，成為習慣排斥外人的日本全民偶像。日本社會觀察家指出，對當時的日本社會而言，更關鍵的影響是，因泡沫經濟（1980-1990年代）而長期士氣低落的日本產業受到鼓舞，恢復信心。例如，永旺集團（AEON）活用M&A，積極購併50家企業，急速擴大事業版圖；佳能（Canon）則活用相機事業的光學技術，開拓醫療器材的新領域；日本的宇宙航空事業積極開展也在這個時期。

與當年的日產一樣，被鴻海收納旗下的夏普，結盟後的舉手投足勢必持續地受到矚目。另一方面，肩負改革重任的台灣企業家郭台銘能否像戈恩那樣，讓日本百年企業掙脫詛咒，而自己也留名青史？「就看他施展什麼樣的『Terry 魔法』了，」日本經濟新聞如此預言。

換句話說，日本社會已將郭台銘與救援英雄戈恩相提並論了。

▶「那個男人」得償夙願

鴻海於2016年8月12日將參股金3888億日圓匯給夏普後，正式取得66%的經營權。曾被夏普人諢稱「那個男人」的郭台銘，夙願得償。

日文裡，「那個男人」的語氣揶揄且帶點不屑。2012年3月，鴻海要出資夏普本體，有意參與經營。但是，夏普股價一度下跌（幅度65%），鴻海希望參股金能重新議價卻遭阻。但是，郭台銘仍於同年7月，先對堺工廠出資660億日圓。隨後因經常出入堺工廠，得以對夏普能深入地了解。

根據《夏普崩壞》（シャープ崩壊——名門企業を壊したのは誰か）一書所敘，從那時開始，郭董動不動就說「會把你們整個買下來喔」。這種聽似威脅的口氣，讓夏普的幹部和員工們開始對他退避三舍。前述一書的作者是日本經濟新聞記者，書中還透露，夏普的主管們都很怕郭董，擔心這個出力又出嘴的台灣企業家干預得逞，夏普會被牽著鼻子走，因為從頭到尾，他們只希望鴻海出錢但不介入經營。後來，每當郭董現身，夏普某些幹部就忍不住低語：「那個男人，又來了。」語氣裡，充滿了無奈和不耐。

談判拖了4年（從簽定合資協議開始算）。當時，沒人看好

「那個男人」會如願以償，卻想不到他真的做到了。鴻海致勝的關鍵留待後章分解（詳見「搶親成功致勝關鍵」一節）。

創業家郭台銘在65歲（1950年出生）花甲之年，不惜投下巨資再度創業；戈恩則在45歲壯年，以專業經理人的身分銜命治理日產。兩人的年齡出自或有不同，但是，所展現使命必達的決心無異，而且，對日本人而言，兩人都是外星人，大家冷眼旁觀都等著看好戲。

只要一開始，企業領導人似乎都找不到回頭的理由。郭台銘的事業麻吉日本通訊王軟銀總裁孫正義儘管個人富可敵國（2015年的個人資產141億美元），而軟銀的淨資產高達197億美元，日前還花了320億美元收購英國晶片設計商安謀。但是，他在《孫正義的焦躁》一書裡，不斷地強調60歲（1957年出生）的自己只做了想做的事百分之一。一樣的，郭董也顯得有些焦躁。

「我比你們都急呀！」4月2日的結盟會上，針對何時讓夏普轉虧為盈的提問，郭台銘的回答引來哄笑，場面輕鬆。當天，他身穿深藍西裝、白色襯衫、淡紫斜紋領帶，右手那串成吉思汗子孫送的佛珠閃著耀眼的光芒。

答話裡，充滿機鋒。表面上是希望企業重建愈快步向正軌，投入資金就能愈早回收，但是，骨子裏有著和時間賽跑經營者的真心情。

記者會歷時2小時40分鐘。有台灣成吉思汗之稱的郭董，在封號德川家康（1543-1616年，日本戰國名將，其所建立的江戶幕府統治日本達200多年。以性格堅忍不拔著稱）的戴正吳、大阪商人高橋興三的高度配合下，時而舉杯互祝，時而搭肩勾背，完美演出。

日本媒體和台灣媒體的報導內容有明顯不同。

「簡直像廟會，」日本媒體形容當天會場的氣氛。在歷史的一天，不少記者以會場做背景忙著佔位自拍；會場裡，中文、英文、日文交疊四迸……。鴻海的財務顧問美國摩根大通的高官當天也現身，「這是日本記者會未曾見過的光景，」日本媒體婉曲地表現出隔閡感。摩根大通要員共襄盛舉，事後和投資家開會用得上，而且也展現鴻海的理財本事，要日本人「安啦」！

了解日本文化的人都有一個共識，日本民風閉鎖謹慎，比較排斥外來的文化，民族性溫火慢燉，要獲取信任需付出時間。

省籍中國大陸（父親山西，母親山東）、台灣出生的郭台銘跑遍全世界，閱歷豐富，打交道者多為西洋國家，習慣直來直往。而他的表現能否引起日本人共鳴？從記者會上的表現即可窺知一二。

記者會中，郭董講了一則聽來的故事。一群被網住的沙丁魚群中，來了一隻鯰魚，「沙丁魚如果不拚命地游，是會被鯰魚吃掉的。」隔天，有日本媒體寫道：「這是台灣的寓言吧。……」含蓄地做了反駁暗喻，夏普未必就是沙丁魚。

《野心──郭台銘傳》（野心──郭台銘伝）的作者安田峰俊當天也出席了。安田在自己的書中記敘，當他當場訊問是否會裁員後，針對這個犀利的提問，「他（指郭董）銳利地瞪了我一眼，帶著試圖在瞬間要評量對方器量的眼神……」事實上，安田提問的動機，來自對日本勞動者的未來感到不安。

和安田一樣，日本消費者也感到不安。同書中，安田引用了2016年6月18日一則不具名的問卷調查，結果是「有3成日本消費者不會買夏普產品」。如同問卷的結果，日本人對夏普的前景感到悲觀者不少，日本《鑽石週刊》在「你認為夏普有救嗎？」的問卷中，結果有56%的日本人認為「沒救了」。儘管鴻海入資後，夏普的股票立即上漲，但日本社會的反應呈現兩極。直到現在，街頭上聽得到聲音：「真不相信夏普會被外資買走！」「鴻海？沒聽過！」疏離感瀰漫，冷眼旁觀者居多。

「伙伴關係的維繫，建立在追尋更高競爭力的基礎上。」戈恩在著作《一個成本殺手的管理自白》（合著，另一名作者是法國記者飛利浦・耶斯）中的自白，暗示結盟雙方建立共識的重要。戈恩先從經營方法著手，到任後3個月遍訪無數日產人，走訪各工廠，拜會各供應商，遠走世界各地日產的分公司，從中了解「各行其是」是這家公司的病源後對症下藥。首先，組織了著名的跨部門團隊（Cross-functional Team，簡稱CFT），另一方面，實施節流開源政策。例如，先審查公司損益計算表，決定處理事項的優先順序，像削減人員、關閉裝配工廠、降低採購成本、賣掉非核心事業。接著積極地推出新產品、投資新技術等。戈恩釐清公司曖昧和被忽視的地方，找到病徵的源頭，這本事折服了日產員工，於是向心力逐漸凝聚，救援花了6年時間。之後他於2005年升任雷諾第9屆CEO迄今（2016年10月開始兼任三菱汽車董事長）。在提及戈恩對日產所做最大的貢獻時，「提高了日產員工的工作動機和士氣，」是原常務理事富井史朗的評價。當年的副總裁松村矩雄也證實：「他最大的成就是，重塑了人的心態。」

以商業的考量出發，用尊重收服人心。理性與感性兼具是戈恩的性格特質。戈恩的自傳《日產的文藝復興》（日産の文芸復典）有則小故事。有一天，日產顧問辻義文敲門進辦公室，送了一雙筷子給他。正為重建責任艱巨而苦惱不已的戈恩，望著桌上那張教他如何正確使用筷子的圖解，茅塞頓開。「面臨再大的問題，也不能忽視日常生活的細節……如果要讓日本人知道自己也想過和他們一樣的生活，筷子的使用方法，對我來說，的確是重要的事。」同理心，感動了淪為敗軍的日產人，讓他們願意正視現實。例如日產和供應商的合作雖緊密，但對在嚴控品質下如何削減成本毫無概念，導致採購零件的成本高於雷諾和其他日本廠商卻毫不自知。戈恩出示雷諾製作的成本採購基準，說明其帶來獲利的結果不貲，就事論事毫不妥協。耳濡目染之下，日產人慢慢地改變了想法和做事方法，最終奪回尊嚴。日產目前的汽車年產量在日本僅次於豐田，是全世界第6大汽車公司。

經營策略是技術，經營哲學則攸關領導人的性格特質。這一點，也許才是郭台銘和戴正吳最艱巨的挑戰。

學者喬晉建觀察鴻海多年，目前任教於日本熊本學園大學商學系。從管理的技術層面看，他相信「鴻海強勢的公司文化，足以制服夏普弱勢的公司文化」。意謂鴻海向來得意的競爭力，像流通力、成本控制、生產效率、賞罰分明的管理方式等，是經營技術，可以學習的技巧。簡言之，用數據和速度這類技巧管理，遊刃有餘。

相對的，「鴻海買了夏普的身體，可是，買得了它的心嗎？」則是工研院知識經濟與競爭力研究中心主任杜紫宸的關心。換句話說，攸關領導者性格特質及經歷背景可能帶來的治理綜效，將如何？

位於橫濱的日產總部外面，懸掛著法國的國旗，在日本是首例。而這是否象徵了磨合近20年的日產與雷諾已身心靈契合？

也許飛利浦在《一個成本殺手的管理自白》最後一段生動的描述，可以代為解答。

「2002年6月14日午後已近黃昏時分，日本國家足球隊在另一個法國人飛利浦・特魯西埃的帶領之下，正在為踢進世界杯半準決賽而努力。在日產裡，戈恩已經下了指示，讓希望在上班時間觀看球賽的人可以休假，好讓這些員工可以為這支已經在全國各地掀起一陣旋風的國家隊加油。在球賽終了前10分鐘時，中田英壽剛好為球隊踢進確保晉級的第2分。此時戈恩的助理富永小姐進入辦公室對老闆說，聚集在5樓大會議室大屏幕前的銀座總部所有員工，希望老闆一同觀賞球賽。當他出現在氣氛熱絡的大會議室裡時，現場300名日產員工共同向卡洛斯・戈恩致敬，並讓他到最前排觀賞最後5分鐘的賽事。此刻的日本確實與大家的印象完全不同——年輕有朝氣，並且張開雙臂迎向世界。種種的跡象證明我們確實碰觸到了核心。」

▶與扶桑結緣始於壯年

管理的技術易學而人的心態難塑。戈恩是怎麼做到的？戈恩是國際派人物。在巴西出生，畢業於法國國立高等綜合理工學院及巴黎高等礦物研究所。進入米其林集團工作17年後，轉戰雷諾汽車。先後在南北美洲、歐洲和亞洲工作過，擁有橫跨巴西、黎巴嫩、法國、美國、日本文化的人生經驗，會說5國語言。所以，讓日產起死回生的管理模式，與他多元化的背景有關嗎？而多元的背景讓他在治理不同文化的企業時有利嗎？

「一個無法忘懷法國國境的人，是無法進軍世界的，」戈恩引述雷諾社長路易・舒維茲的一段話，令人印象深刻。言外之意，唯跨越國境和人種，回歸經營及待人的本質才是戈恩的終極信仰。國境，沒有局限住他。

鴻海跨海重建夏普的行動已經展開。百廢待舉，但已起步。65歲的日本通戴正吳（1951年出生），率領8名鴻家班（詳見第四章「開春新年的明與暗」一節）經營團隊，為實現「早日轉虧為盈，以國際品牌揚名」的終極目標。在就職記者會上，公布了3個經營改革方針和13個重建步驟（企業子公司化、改善待遇、R&D改革、專利改革、IT改革、人事改革、法務改革、強化溝通和社會責任、提高成本意識、會計改革、稅務改革、財務改革及供應鏈改革）。「2年後讓夏普賺錢！」戴桑誇下海口。然而，看在專家眼裡，利用夏普品牌且首次參與B to C商業模式的鴻海，背後總指揮Terry魔法的成效，果能在短期應驗？世人屏息以待。

作家錢鍾書形容婚姻像座「圍城」，外面的人想進去，裡面的人欲突圍，箇中滋味不足為外人道也。這個道理，郭董和戴桑都心知肚明。說重建夏普是霸氣郭董創業40多年來最大的試煉應不為過。2016年6月3日的日本朝日新聞以「郭氏最近睡不著」為標題，冷眼透視娶了夏普後的郭董有心事。報導說，4月中旬，一個有長年交情的日本經營者透露，當郭董訴苦「最近睡不著」

時，著實嚇了一跳，因為這是「第一次看到他示弱」。鴻海在先進國家進行大規模併購，首次是2003年的芬蘭手機機殼製造商Eimo，後因勞務繁雜賣掉了。

在關鍵時刻出手，是冒險家的特質。4年前，郭董在一次接受陳文茜的電視訪談中，當被問及為何含飴弄孫之年還要冒進？「挑戰，是我的興趣。」郭董看似四兩撥千金的回答，其實背後有非娶夏普不可的硬道理。

掌握關鍵的科技技術攸關鴻海未來的存活。這一點，在「生醫產業國際併購趨勢與策略」的論壇中，鴻海集團亞太電信董事長呂芳銘已證實，收購夏普是鴻海透過策略性併購，改變商業模式的第一步。亦即在其欲轉型為科技服務業的計畫中，夏普的技術創新力和品牌力將扮演舉足輕重的角色。換言之，及早意識非轉型不可的鴻海，深知面板的需求隨電子產品普及俱增，是高門檻的技術和重要物資，欲提升企業價值不可或缺。於是，2010年就頻頻向液晶面板技術全球第一的夏普示愛。

這是現實面麵包的考量。婚約是長期伴侶關係的保證，要婚姻持久，麵包以外愛情的元素也不能缺少。對夏普情有獨鍾，和郭董心儀日本關係至大。

「第一次來大阪，是30歲那年，」4月2日的大阪記者會上，郭董不經意的一句話，揭開了其與日本的匪淺因緣。

堺工廠內，有條叫「Terry Road」的遮雨道路。聽說是郭董捐出股息給員工當年

Terry Road 景觀優美

終獎金，員工為感念他而建，路名也取他的英文名字。寬約兩個車道的 Terry Road，頂蓬和側邊採透明材質，遮避風雨之餘，路旁茂長蕨類植物，綠草藍空盡收眼底，景觀宜人。

Terry Road長600公尺；從台灣搭飛機赴日僅需3小時；鴻夏戀顛簸了1000多個日子。然而，這些數字，都比不上郭董和日本結緣35年來得耐人尋味。

30歲生日那天，郭董是在日本松下電器度過的。「被松下員工灌醉了的郭台銘，第二天醒來。躺在床上想『日本有這麼好的零組件供應，是因為日本有很好的母體工業』……，」張殿文在《虎與狐》中寫道。說日本對郭董有所啟蒙並不為過，爾後事業上幾個重大的決定，也都和日本有關。

郭台銘與日本命運的邂逅，始於1980年。

30歲那年，為了購買模具來到大阪的郭台銘，親眼看到日本企業的實驗室設備完善，日本製造業不遺餘力且長期地扶植周邊廠商，讓他對其團結的務實做法印象深刻。1981年，當再度赴日做市場調查時，獲悉電腦將是未來的明星產業，而關鍵零件像連接器時，勢必成為電訊、電子和通訊產業的重要元件。因此，隨即於1983年進口日本新機器，適時地開發了鴻海事業命脈的電腦連接器。1987年，因體認到工業基礎紮實的日本是值得學習的對象，於是指示有日本經驗的戴正吳組成「對日工作小組」，積極聘請日籍顧問傳授製造和研發技術，並以日本企業的經營管理（特別是松下電器和豐田汽車）作為學習範本。不僅如此，日本以外也盯上德國，揚言「有了錢，要去德國買模具，去日本買精密陶瓷」，展現出向世界頂尖看齊的雄心。隨後，開始著重技術轉移和研發，1991年，組織了300人專利部隊；1995年，引進日本長期訂單；2000年，在東京成立「Fine Tech」公司，負責研發鴻海加工蘋果的產品時所需的模具，延聘東京大學的中川威雄教授管理；2003年，在鴻海組織內成立「日本研發總部」；2008年，收購索尼的電視工廠；2010年，主動向日立製作所和夏普洽商合資事宜，希望取得液晶面板技術；2012年，投資大阪堺工廠，並投下95億日圓向 NEC 購買液晶相關專利；2013年，在大阪成立子公司「富士康日本技研」，全力研發明日之星有機 EL，並延攬原夏普液晶生產技術開發部部長矢野耕三擔任社長；2015年，在專利申請及公告發證上，名列台灣百大企業第一名；2012到2016年，鴻海花了約100億日圓，購買日本的面板技術專利；2016年8月，夏普的新董事名單中就有9位是鴻家班，跟了郭董多年的日本人就有高山俊明和中川威雄、中矢一也、石田佳久等4人，野村勝明、長谷川祥典、沖津雅浩則由夏普提名；基於欣賞日本勤奮和負責任的工作文化，他經常叮囑鴻海員工要見賢思齊；郭董自己以身作則，當媒體問及多久後能讓夏普扭轉乾坤，他曾含蓄地表示2年應能達成，但是「要學習日本文化」，謙虛一點，於是又改口說「4年」吧。

從企業經營的角度來看，年輕時代的因緣際會，讓郭台銘發現鄰國日本不凡的研發、生產技術和優質文化，大為傾心。也為即使曠日費時仍堅持結盟的糾葛情結，找到了線頭。

習慣從理智面思考的人會想，在全球擁有120萬名以上員工的鴻海集團，放眼世界的格局不同凡響。無論布局北美洲、中美洲、南美洲、歐洲、亞洲、中國大陸和澳洲等，皆無往不利。因此，硬說他對扶桑情有獨鍾，未免狹隘。

然而，人心深似海。傾心卻要不到，情何以堪？對習慣征戰且非贏不可的人來說，要不到的愈想要，愈難攻下的城池愈有魅力，是自然的道理。日本的夏普之於郭董，不禁讓人聯想十三世紀中國的南宋之於世界征服者成吉思汗。「這個國家的骨頭太硬！」一代天驕成吉思汗曾惱恨地撂下這句話。歷史記錄，蒙古後來雖然拿下積弱的南宋，但是，在征伐南宋的戰爭中，痛失兩代汗王，也讓野心勃勃的蒙古統一中國美夢，足足延後了40年。

為娶得意中人歸，郭董用心良苦。可能是想加深日本人的印象及展現決心，不常主動在台灣媒體前露面的郭董改變做法，從2012年開始接受日本媒體訪問。甚至破例讓日本NHK貼身採訪2年，製成紀錄片「亞洲黑衣人行動了」。2016年年初，日本歡度新年之際，盛傳日本產業革新機構（簡稱 INCJ，Innovation Network Corporation of Japan，政府出資9成）國家隊欲橫刀奪愛，郭董連忙搭私人飛機奔前挽救。當時，他敏速的行動和電影「即刻救援」的主角連恩・尼遜不相上下，只不過，脖子上多了條關公加持的圍巾。

身材高大的郭董頸披金色圍巾，現身日本街頭。用行動正面對抗半路殺出的情敵，不僅吸引日本媒體搶拍好戲，路人也為之側目。熟知《三國演義》故事的日本人不少，也知道關雲長這號人物。聽說圍巾是從山西運城的關羽祖廟求來，堪比關雲長單刀赴會郭董的豪氣，震撼了日本人。意有所指的關公圍巾被 Terry 郭一炒，鴻海強勢搶親的話題，在日本走紅。

筆者6月底赴日採訪，遇到許多日本庶民。在大阪，無論在月台偶遇的老人、計程車司機、中華料理店伙計……，幾乎無人不知夏普被台灣鴻海收購的消息。郭董曝光的策略顯然見效。

和夏普的談判接近尾聲時，郭董刻意與日本搏感情、拉近關係的心情沒變。主動向媒體提起妻子曾馨瑩有1/4日本人的血統；孩子在學日文；豐田汽車初任社長豐田英二的自傳《決斷》，是他愛不釋手的書；在大阪完成簽約後，隔天帶著高齡老母和妻兒赴京都賞櫻。日本《東洋經濟週刊》的照片裡，賞櫻路上，一路遇到為他打氣的日本人，郭董的笑容璀璨。7月，郭董隨即又攜老扶幼赴歐洲度假。因導遊在FB上做宣傳，讓記者們逮到機會拍到難得的度假孝親照。照片裡，郭董右手緊握徜徉在青草地上90歲母親的手，俯視老母的眼神溫柔，神情輕鬆。「高高興興地帶著奶奶去旅行。牽掛多年的夏普這件事有了結果，郭董真的很開心，」電話裡，跟了郭台銘40年的機要秘書沈淑玲開朗地說道。

▶搶親成功致勝關鍵

關鍵4年的談判和苦勞，有了回報。但是，這也可能是郭董事業生涯中，最漫長和艱苦的一役。

與夏普協議合資雖是2012年3月，但2000年初，以代工起家的鴻海就已計畫轉型，準備從「製造的鴻海」經過「科技的鴻海」直衝「科技服務的鴻海」（Box4）。毫無疑問的，策略性併購是壯大企業的極佳選項。長年與日本做生意的鴻海早已盯上夏普，因其液晶技術獨步全球、家電產品屢屢創新，設計、研發與生產力道不衰、擁有品牌力。在科技服務鴻海的布局裡，夏普絕對是一只活棋，後從戴正吳履職後的發言得知，面板以外，夏普的家電也是鴻海物聯網事業群的要角。郭董一再強調二度創業，用心可解。

「鴻海需要夏普的液晶技術和品牌；夏普需要鴻海的資金和產品通路，」喬晉建的觀察，證實結盟是兩個企業開展未來的不二選擇。換言之，鴻海是夏普龍騰世界的通行證；夏普則是鴻海品牌虎躍的墊腳石。兩者同心，其利斷金。只不過，2012年談判開始後，內憂外患阻擾了雙方，到了2016年，已拖欠銀行融資債務達5100億日圓（2013年7月，負債額超過1兆日圓，2015年4月達到7742億日圓，2016年6527億日圓）的夏普仍拿不定主意。但還債日迫在眉睫，2016年4月前，如果無法償還，夏普只有接受紓困或宣布倒閉兩條路可走。亂了方寸的夏普，在2016年1月底決定向INCJ投懷送抱。郭董聞訊氣急敗壞，帶著聘金7000億日圓大禮（最後以3888億日圓成交）急奔大阪，勇敢求婚，直到2月下旬，終於讓夏普回心轉意。

至於鴻海終結苦戀勝出的關鍵，大致可歸納成四點：瞄準兩家日本債權銀行（瑞穗銀行、三菱東京UFJ）和INCJ之間的協議搖擺不定，趁虛而入祭出銀彈，擄獲銀行芳心奏效；友善的復興方案；郭董的堅定意志及經營堺工廠績效。

事實上，鴻海之能掌握致勝先機應歸功幕後推手。而這個推手是與鴻海交情匪淺的瑞穗銀行（Box5）。2000年，瑞穗銀行就開始融資給當時營業額僅3000億日圓的鴻海，算是恩人。瑞穗是日本泡沫經濟後，率先於2006年在紐約證交所上市的第一家日本銀行，「手腕高強，難以駕馭」是日本資產最龐大的三菱東京 UFJ 對其評語。鴻夏戀談判開始，向來力挺老友鴻海的瑞穗銀行一路相挺，還將日本的法律研究透徹，祭出「露華濃基準」（Revlon Duties），嚇阻夏普的經營團隊。鑑於日本公司法的規定，夏普如果放棄鴻海優於對手（INCJ 擬出資5000億日圓，其中3000億是股份投資，另2000億是銀行貸款）的重金，而且說不出正當理由，那麼，遭法人股東及一般股東提告的可能無可倖免。

「露華濃基準」是一種企業收購基準法。1986年，是美國德拉瓦州針對對於企業收購過度防衛者所擬的法律規範。用意之一是鼓勵企業在脫售時，以股東的利益為前提，用最高價格出售，以恪遵企業經營的義務。起因是1985年，露華濃為箝制對手，故意將具有資產價值的部門便宜地賣給結盟公司。此舉，被以違反股東的利益為由，遭股東控訴，最終對簿公堂。

換言之，鴻海準備了重金迎娶夏普，但是，夏普如果放棄資金優勢的鴻海案，等同「未盡維護股東及公司利益之責」，恐被扣以「治理無能」的大帽，吃上官司。

綜合了日本媒體的報導，了解日本「公司治理」（Corporate governance）事務的律師國廣正和東京大學教授田中亘，也證實有此可能。國廣正例舉日本公司法「妥善管理的義務」表示，公司的經營團隊如果因故意、過失或不當的行為，導致公司蒙受損害，等於違反妥善管理的義務。另一方面，公司的董監事若未予以糾正，也要負起賠償的責任。

東京大學教授田中亘則針對「露華濃基準」的基本精神說明，「經營者一旦決定出售公司，就有義務把價錢賣高。」由此，他也比較看好鴻海案，因為「鴻海案顯然比較重視股東的價值」。

當時，與鴻海競爭的INCJ在最上限8500億日圓的出資構想中，有3500億日圓（包括要求銀行放棄的優先股權2000億日圓和貸款債權1500億日圓）需向債權銀行融資。債權銀行（同時也是夏普的董事）權衡之下，當然比較偏好無須其放棄債權的鴻海案。夏普宣布倒閉或吃官司，債權銀行都虧很大。銀行傾向可助夏普不倒的鴻海，其情可解。據此，瑞穗銀行的幹部曾向媒體透露：「這一次，感受到Terry郭是認真的。」據傳瑞穗銀行社長佐藤康博也在旁敲邊鼓：「海外的投資家都很關心這個案子。認為兩個案子都應秉公透明審理。」言外之意，對INCJ私下與夏普密商有所不滿。

INCJ 向夏普伸出援手，除了不樂見關鍵技術外流，也有納夏普為旗下一起替日本爭氣的私心。INCJ的構想是如果提案成功，擬於2018年將夏普的液晶面板事業部併入旗下日本顯示器公司（簡稱 JDI，Japan Display Inc，結合索尼、東芝、日立三家企業成立的公司，主要生產中小型液晶面版），提高競爭力，以對抗業績領先的韓國三星和樂金（LG Corporation，簡稱LG）。

當時，掌握夏普生殺大權的董事有13名（Box6），由他們投票決定選擇哪個方案，而多事者紛紛忖測不知鹿死誰手。傾向鴻海的4名董事橋本仁宏、橋本明博、住田昌弘、齋藤進一都和金融業有關。其中，橋本仁宏曾任職三菱東京UFJ銀行；橋本明博則曾任職瑞穗銀行，住田昌弘與齋藤進一任職的日本企業重組基金（Japan Industrial Solutions，JIS）都握有夏普的優先股，利之所趨，自然心向鴻海。日本政治風向雖逐漸趨向歡迎外資，但一方面也默許 INCJ 出手救援，同時授意金融業力挺企業。不過，銀行挺企業的政策也遭人詬病，因為依存關係助長了企業歹戲拖棚的風氣。當時夏普成員像水嶋繁光、長谷川祥典和榊原聰等，在 kimochi（心理）上對鴻海案好感。因為鴻海不像 INCJ 那樣，毫不留情的要他們卸職謝罪。結果最後，董事會全體把票全投給鴻海。

為取得經營夏普的權利，鴻海非僅不惜撒大錢，在資金用途上也顯得柔軟有彈性。當時的重建策略是，除了切割虧損的太陽能電池事業（後又宣布保留）以外，也將保留夏普全部的資源，包括留住液晶事業部門、夏普的品牌繼續使用、盡量不裁員（後又盛傳將裁員7000人）、維持僱用40歲以下的從業員等。整體而言，算是顧及全局的做法。

INCJ的首領志賀俊之鮮少公開露面。但在與鴻海短兵交戰期間，罕見的接受日本媒體採訪。在訪談中表示，兩個重建案沒有優劣，只是不同。他分析，鴻海針對夏普本體投下巨金，用意是先推動整體重生後再使之成長。INCJ則站在培育國家產業的立場思考，先針對夏普各個事業部門進行整頓，待想出今後較合適的發展型態後，再把各事業群分開後併到其他的日本企業裡。擬將夏普的液晶事業併入JDI就是一例。簡言之，鴻海企望完整，INCJ則主張部門分家。

對夏普而言，兩案資金用途雖各有千秋，但比起INCJ要求經營陣營下台、銀行放棄債權、部門分家，鴻海的不裁員、不融資、保留完整的事業體，比較寬容也接近夏普的理想。何況有了豐厚的資金，既能改善財務體質、在企業需要成長時有用，與鴻海合作的綜效也高，因而評價鴻海的策略優於 INCJ。

為力挽狂瀾，郭董使出拼命三郎的勁道（詳見「亞洲黑衣人行動了」一節），有目共睹。連志賀俊之都忍不住稱讚他「很努力」。

2016年1月底到2月下旬，郭董搭機赴日不下4次。「身高超過180公分，眼神銳利，對成長永遠感到飢渴，習慣在光環下發號施令，」是日本記者山下和成的觀察。

歲月荏苒，日本創業者居高位的企業已逐漸式微，企業經理人代之而起。因此，在缺乏強人領導的日本企業界，郭董一天工作16小時、自稱「獨裁為公」、做決策果決快速、交涉能力高強、記憶力拔群，形象十分搶眼。山下在報導中引用鴻海員工對郭董的看法：「跟郭董講過的話他都記得，又喜歡讓人開心。這種特質，很自然的會吸引人向著他。」

日經BP記者大西孝弘在《孫正義的焦躁》（孫正義の焦燥）書中，也提及一則郭董擅博人好感的小插曲。在軟銀發表機器人沛博（Pepper）的記者會上，受邀出席的郭董送孫桑一支純金手機，邊說：「我只做兩支。一支送你，一支送我老婆。」孫正義是韓裔日本人，出身貧寒卻躋身日本富豪行列，作風積極大膽，作為經常釀成話題，但在日本評價兩極。軟銀和鴻海是事業夥伴，軟銀研發的機器人沛博就由鴻海製造，兩家在印度合作能源再生事業，又傳軟銀將參與鴻海的抗癌計畫，涉足生醫領域並有意攜手投資美國IT產業，結盟動向備受矚目。

鴻海難以忘情夏普，引來日本人議論紛紛。日本經濟新聞以「對鴻海收購夏普的印象」為題做調查。合計有1000名各世代的男女表示了贊成和反對的意見。

綜合贊成的主要理由包括：日本企業積極地併購海外企業，

如果自己拒絕被併購，恐遭國際社會詬病；外資企業收購日本企業，反而表現得比較好；無論從資金力或技術力看，鴻海都是優質的企業；產業革新機構缺乏熱情，日本需要的是活力；日本企業缺乏自助的能力，只能指望外資經營；夏普傾頽，反映了日本電機業和政府已落伍，應向汽車業學習改革的精神；資金無國界，經營者是否夠專業才是重點，否則只是米蟲而已；日本應學習合縱連橫的併購策略；僱用問題最重要，員工是智慧財產；日本已沒有需要保護的技術，所以景氣才會如此低迷⋯⋯。

反對鴻海者主要受日本媒體報導影響，咸認鴻海說話不算話，不足信賴。2012年3月，鴻海與夏普協議合資，未久夏普的股價大幅下跌，鴻海不甘受損，提出「股價照實價重估才要投資」，招來夏普反彈，中斷談判。

關於這件事，有三派說法。有日本觀察家認為，鴻海是年營業額逼近5兆元的企業，何苦拘泥小節，有失大器。作家安田峰俊直指郭董諸多行止難以捉摸，憂慮夏普難保不成為第二個奇美電子（2009年，奇美與鴻海旗下的群創光電合併，翌年被正式併入後成為消滅公司）。學者喬晉建則認為，如果忍氣吞聲按原合約出高價，夏普社內的驕奢之氣恐無法壓制，影響日後推動改造至巨。

觀點見仁見智。淡江大學日本財經研究所所長任耀庭，則舉「超越金錢」的理論說明，在企業併購中，的確有案例證明企業因高價收購而加倍獲利且省時省力。

併購案的主角是京都陶瓷創辦人稻盛和夫。

1990年年初，京都陶瓷欲併購美國大型電子零件廠AVX，AVX當時的股價是30美元。但是，董事長潘德拉要求稻盛提高收購股價。這個不符常理的提議，遭到京都陶瓷駐美法人社長和律師極力反對。未料稻盛看上潘德拉為股東和員工權益發聲的勇氣，受到感動。

稻盛於深思熟慮後判斷，只要雙方同心協力，日後回收絕對有望。於是力排眾議，允諾以高出原股價一倍多的72美元締約。之後AVX的業務急速成長，5年後，重新在紐約證券交易所上市。

收購，是收買人心。「你估高公司的價值，讓員工們保住尊嚴，覺得受到尊重，他們一定會替你拼命。」用尊重的心理戰術收服人心，「老獪」如稻盛，果真有一套。任耀庭認為，稻盛和夫收購 AVX 的心理戰術，值得仿效。

京都陶瓷和夏普都是關西企業，2016年6月在夏普股東會上，年事已高的稻盛被股東們多次提及。

▶看不見的「第三個男人」

鴻夏戀原是好事一樁。喬晉建在《霸者鴻海的經營與戰略》（霸者鴻海の經營と戰略）學術論著中，用三點歸納箇中意義：「中國（指鴻海）新興企業進出海外、日本老舖企業重生、日中企業策略聯盟」。

意義簡扼，談判時間卻花了4年。情路漫漫為哪樁？原因攸關人為與外在因素，外在主因有二，先是鴻海希望收購股價重議，談判中止；二是夏普高層經營策略失焦，自亂陣腳，延宕計畫。夏普的戒心過重和鴻海的算盤太精，彼此始終無法寄予信任則是心理因素。然而，從現實考量，合則利。結盟的影響不僅關係兩家企業未來的發展且攸關夢想。台灣和日本若與美國蘋果聯手，制衡韓國三星、中國京東方等，那麼，至少在電子產業方面，鴻海制霸世界的夢想便能成真。

資訊產業的兵家必爭——液晶顯示器的主要生產地在亞洲，由台灣、日本、韓國和中國囊括。

顯示器是繼半導體後台灣的兆元產業。儘管投資的規模不可同日語，但在鴻夏戀之前，半導體業界也曾有一樁台日企業聯婚。那是距今約20年前，台灣聯電曾併購日本DRAM廠新日鐵半導體。結果，聯姻於13年後譜上休止符。半導體市場研發與生產技術汰舊神速，文化歧異導致管理成效不彰等都是要因。

在數位時代中，手機、數位相機、筆記型電腦、掌中型電腦、醫療用監控器、電子看板、行動裝置等需求遽增，對輕薄短小及省電顯示器的需求隨之看漲。相對的，也帶動中小型液晶面板的發展和競爭。

目前，液晶顯示器的霸主是TFT-LCD（薄膜電晶體液晶顯示器，Thin film transistor liquid crystal display），市佔率凌駕有機EL面板（有機發光二極體，Organic Light-Emitting Diode，簡稱OLED）和電漿顯示器（Plasma Display Panel，簡稱PDP）。但由於蘋果宣布iPhone 將於2018年開始採用有機 EL 做顯示器，競爭日趨白熱化（詳見第四章「郭董進擊的機會和挑戰」一節」）。具備彎曲功能的有機EL是TFT-LCD的勁敵，最早將技術實用化的是索尼（2007年，用在電視），三星後來居上（2010年實現大量生產，用在智慧型手機），目前日本和中國也傾國家之力全速追趕。兩者性能各有千秋（Box7），但TFT-LCD因耗電低、觸控效果佳、信賴度高、用途廣，特別是成本低等優點，目前暫時領先。鴻海對投資有機EL表現積極，據傳決定斥資2000億日圓，先由夏普的三重工廠負責前製工程，後讓龜山工廠負責量產，預計2017年試產，翌年實現量產。另外，盛傳也將在中國鄭州增設生產線。液晶面板方面，近日則傳將投資台幣2800億元（相當於8400億日圓）在中國廣州市成立10.5代液晶面板工廠，預計2019年量產，目前擁有最新10.5代工廠的僅京東方一家。戴正吳上任後，曾向日本國家隊JDI探索產業聯盟的可能，JDI 雖沒反應，但鴻海已展現雄心全力囊括電子業的戰略物資，除了提升從下游代工邁向製造上游關鍵零件的企業價值鏈，並準備制霸面板產業。

顯示器的原材料是液晶面板。目前，除了夏普以外，能滿足蘋果要求的全球企業僅三星、LG、JDI四家。蘋果欣賞夏普製造面板的技術，利用夏普搭載IGZO（氧化銦鎵鋅，Indium Gallium Zinc Oxide，簡稱 IGZO，可提高映像解析度及降低成本）的技術，用在 iPad、iPhone 的觸控上。夏普是除了三星以外，全球第二家獲得這項技術授權的企業。蘋果在2010年就已投資夏普的龜山第一工廠，協助改造生產線後，目前專做 iPhone 用液晶面板。

鴻海早有先見之明，稱面板是其戰略物資，在其「大小眼球計畫」（意在整合包括觸控螢幕與顯示器在內，所有與眼球相關的零件）中位居要角。在鴻夏戀前一年2011年，及早就與夏普協議各出資50%在台灣合資成立液晶面板公司。原計畫由鴻海生產20~40吋電視用面板，至於需省能源技術的40~60吋面板，鴻海則在夏普的指導下製造；60吋以上的超大型面板則在夏普生產後供應給鴻海。後來這項計畫擱淺，據聞是因為夏普的經營高層之

間發生嚴重的意見對立。筆者在參考町田勝彥（夏普第4任社長）（Box8）自傳《創意是唯一》（オンリーワンは創意である）後研判，意見分兩派，一派反對技術外流，以町田勝彥為首；一派贊成，以第5任社長片山幹雄為代表。

但是，即使如此，之後兩家合作的念頭一直沒有打消，交涉持續進行。夏普營運出現第二次虧損後，盛傳當時已退居董事長的町田勝彥於2011年6月1日，專程赴香港富豪酒店，當面邀請郭董對夏普本體出資。7月，鴻夏正在交往的消息曝光，11月決定訂婚，隨後於2012年3月28日正式簽訂資本合作協議。

出資條件根據夏普要求，以過去6個月的平均股價為準，算出收購股價是550日圓，由鴻海取得夏普9.98%股份。有一說，由於時間緊急，郭董以保留事前調查作為條件，匆忙接受。資本合作協議的內容主要有二：原夏普子公司「夏普堺工廠」，改名為與鴻海合資的公司「堺工廠」，所生產的一半液晶面板由鴻海收購；第二，鴻海以第三者分配增資（除股東以外，和夏普業務有關的法人或個人）的方式出資670億日圓，正式成為夏普的最大股東。

在此稍前，鴻海的經營正面臨岔路，危機意識增強。低價代工生產（2011年，鴻海的營業額達9.7兆日圓，直逼電子業巨擘三星的12兆日圓。但在營業利潤方面，蘋果28%、三星10%、鴻海2.4%）的後遺症顯現，加上2010年深圳廠大陸員工跳樓死亡事件發生，鴻海的國際聲譽受損，大客戶蘋果開始劃清界線。蘋果為轉移被外界評為與血汗工廠合作的印象，其手機改採複數生產，開始轉向其他台灣企業（可成科技、宏達電、仁寶、和碩、緯創等）下訂。此後，除了 iPhone 5s 及5.5吋的 iPhone 6 等高級機種以外，蘋果對鴻海的訂單減少，「告示了鴻海獨佔蘋果的時代結束，」是喬晉建的觀察。

2010年代初期，於公，鴻海必須殺出重圍。通訊產品中，手機是鴻海的金雞蛋，蘋果的訂單佔其總營業額4成。但是，衡量局勢，擺在眼前的現實讓鴻海覺悟：雞蛋不宜放一個籃子。不僅如此，為提高營業收益，行動要更積極才行。換言之，必須從被動轉主動，由自己設計、研發和生產液晶面板，以及製造半導體附加價值高的零件時機已到。因此，若能協同夏普一起合作，等同是「世界級的社內分工」。而這個模式成功的話，等於實現了全球化垂直統合的經營模式。是轉型的重要契機，機會難再。

於私，鴻海早有扳倒韓國三星的心願。自居是蘋果大掌櫃的鴻海，早看不順眼蘋果被三星打得暈頭轉向（2015年全球手機市佔率三星第一，蘋果第二），更甭說三星是不義之人了。蘋果曾在2011年，對三星提出侵權訴訟（控告三星抄襲蘋果的智慧型手機設計），雙方結下樑子；鴻海則在2008年，被美國司法部抓包而與三星結怨。當時，亞洲七家企業（包括鴻海旗下的奇美電子，夏普也在內。而且夏普和三星曾互控專利侵權）遭美國司法部判定操控面板價格，違反反托拉斯法而責以罰款。奇美認罪，遭罰款2.2億美元。至於當初主導操控價格的三星，卻因主動提供資訊且最先認罪而予免責，其行可議，從此有了心結。因此，擊潰三星，成為鴻海、夏普和蘋果的共同目標。

從商業的立場及彼此合作緊密的現實考量，蘋果與鴻海、夏普命運相繫。可以說，蘋果無形中在鴻夏戀幕後參一腳，對強化鴻夏聯姻的動機不無影響。此所以喬晉建稱其為「看不見的第三

個男人」。

鴻夏戀簽訂協議後，展開談判的2012年到2015年，正值夏普多事之秋。只不過，夏普的營運問題，在更早之前就已出現。2008年夏普因經營策略疏失，虧損開始出現。2012年赤字高達3760億圓，是前所未有的高紀錄且股價動盪。2012年3月末，鴻夏簽約時的股價是500日圓，到了8月初驟降至180日圓，掉了幾乎65%。

郭董有意更改投資股價的想法，也在這時。根據日本媒體報導，郭董於2012年8月3日，親赴夏普位在東京的分社，直接與町田勝彥（簽約時的董事長，2012年是無給職顧問）和甫卸任社長職位、已無法人代表權的董事長片山幹雄會談。郭董表示想重估投資條件，把股價降至200日圓，並將出資比率提高至20%，忖測其用意是有意將股價差額轉投資，提高參與經營的可能。

針對更動股價一事，據聞町田當場表明為了不讓鴻海吃虧，口頭上允諾了。郭董把這句話當成是夏普正式的提案，信以為真。隨後返台，在接受東森財經台陳文茜專訪時，連稱日本人很誠實，並透露就是町田告訴他可以改股價的。

然而，真相撲朔離迷。接替片山的第6任社長奧田隆司，於2016年4月上任後不久即對外宣布，町田和片山必須扛負經營虧損之責，兩人已卸任要職是「過去式」，因而無權代表公司。幾句話，交代了經營交替的內幕，也表明了立場，對股價一事堅不讓步。為鴻夏戀談判破裂劃下伏筆。

奧田所云經營之責，意指町田和片山擴建工廠是讓夏普陷入絕境的濫觴。町田先後在2002年、2004年，投注巨資蓋龜山第一和第二工廠；片山則於2007年營建堺工廠。結果，受2007年美國次貸危機引起全球金融混亂、2008年雷曼兄弟破產以及日圓升值、全球面板需求驟減等多面夾攻，2008年，夏普初嘗創業以來首次虧損的苦味，此後步入長期低迷（Box9）。因此，才有2012年公開尋求外資之舉。

同一時期，面對經營出現破綻，夏普的經營層相互推卸責任，演出社長更迭、高層下台的鬧劇，是延誤鴻夏戀談判另一要因。《夏普崩壞》一書多所著墨，批評高層互鬥是搞垮夏普的最後一根稻草。

針對鴻海出資的態度，基本上，以町田、片山為首的夏普高層對鴻海投資都表示歡迎，但不願其插手經營則意見一致。但是，要錢卻不要你管的強硬姿態，讓夏普在談判時轉圜失據，徒使過程曲折顛簸。

片山幹雄是第一個提出與鴻海合作構想的人。出身東京大學技術系統，嫻熟液晶和太陽能電池的技術，有「液晶王子」之稱，也是2011年原要與鴻海在台灣合作的主導者。後因一手擘畫的堺工廠營運觸礁，捅了夏普一個大洞（2007年，投入1兆日圓蓋廠，生產60吋以上大型面板）。2009年開工後，因大型面板需求驟減，日圓升值等外在因素，加上不敵三星推出的低價電視，結果，面板庫存堆積如山，開工率只剩一半，獨立營運的力氣盡失之後，與原本拉拔他的町田之間開始產生嫌隙。町田畢業於京都大學農學系，擅長業務、極富謀略，是被譽為「中興之祖」佐伯旭（第2任社長）的女婿（詳見第三章「中興之祖大躍進時代」一節）。當時，原已退居幕後的他，因不滿片山的經營能力而強勢出頭，反對片山主導在台灣合開公司的「高層」就是他。後來，乾脆自己介入鴻夏戀談判。鴻夏戀簽合資協議前一天3月21日，郭董赴日，花了一週時間與夏普會談，起初是町田和片山出面，到了第3天，副社長奥田隆司（町田派的人馬）也加入。2012年4月，片山被要求為公司嚴重虧損負責而下台，終結了5年的掌權生涯。奥田繼任社長，但也只做了1年多。

2012年9月，夏普的債權銀行答應融資3600億日圓。夏普眼見營運資金有了著落，有恃無恐，而且前一個月，公司方募集了志願離職者3000人（後於2015年又有3000人離職）。失去許多優秀人才，社內士氣大損，奥田的新經營體制面臨逆風，更不能向鴻海示弱。於是，奥田正式對外公開股價不改，而且沒有接受鴻海增資的意願。

▶「台灣歐巴桑」的馬拉松談判

誠信是商道，更何況面對的是一板一眼的日本人和日本社會。郭董的談判術遭到重大考驗。

商戰如戰場。郭董見勢以股價差額來提高出資比例，再進一步介入經營是終極目標，一種戰略。但是，以做人的道理來說，畢竟協議書都簽了，卻出爾反爾。

立命館亞洲太平洋大學教授中田行彥在《鴻海為何贏得夏普》（シャープ企業敗戦の深層）一書中，提及談判觸礁的關鍵因素時，曾引用矢野耕三（現堺工廠顧問）的文化差異視點。矢野曾是中田行彥在夏普任職時的上司。中田引用矢野的話：「日本人不懂得和中國人談判。關西的歐巴桑一定殺價，中國人也一樣。先殺價看看，成了就算賺到了。還有，交涉就算快完成了，第二天還會再跑來問，能不能再附贈個什麼的……。因為這樣，氣跑了夏普……。」當時談判的要人片山有決議權，而這個出身名校的秀才，原就心高氣傲，對郭董予取予求的態度不滿。心想，協議案都已通過總公司批准了，還討價還價，這是什麼態度？總之，片山和郭董的性格不對盤，不若町田。町田跑業務出身，雖性格保守（以產業空洞化為由，堅持高端的液晶面板一定要在日本生產），但身段柔軟較務實。

談判難免討價還價且公婆各有理。站在郭董的立場，投資堺工廠用的是自己的錢，虧了本自己承受，但投資夏普本體事關股東權益，能省當省要慎重。矢野比喻郭董是「關西歐巴桑」並沒有惡意。矢野原籍四國，在大阪待了大半輩子。關西（指京都府、大阪府、滋賀縣、兵庫縣、奈良縣、和歌山縣、三重縣等二府五縣，日本本州中西部地區）人和關東（指茨城縣、栃木縣、群馬縣、埼玉縣、千葉縣、東京都、神奈川縣，日本本州中部瀕太平洋地區）人的性格特質不同。一般而言，關西人的本質是商人，只要有生意做，對不認識的人也能笑臉相向。關東人則有兩種，一是高貴的武家，生性優雅不好與人爭；另一種是較具庶民氣質的職人，頑固易怒，但有豐富的同理心。

夏普是關西企業，高層大多是關西人，照理說識時務者為俊傑。鴻海的實力高過夏普無庸置疑。2012年，相對於夏普苦抱赤字3760億日圓，鴻海的營業額達3兆9千億台幣，是夏普的5倍，營業利潤是1085億台幣。但另一方面，關西商人也有一種抵抗威

權，偏好獨立的精神特質。相對於東京的企業習慣有政府官廳撐腰，邊緣關西則必須自求多福，這是學者塚原伸治在《老舗的傳統與近代》（老舗の伝統と近代）中的觀察。而這也從著名的關西企業松下電器的掌門人松下幸之助的名言中，獲得證實。松下說過，關西企業的特徵不是「共存共榮」而是「強存強榮」。靠「自力本願」（有自助天助之意）壯大，需要較常人加倍努力，始能倖存與繁榮。

夏普的硬脖頸脾氣在2011年、2012年的事例就可窺知。2011年，兵家必爭的生產地中國，因垂涎夏普的技術應允其進入生產，但夏普婉拒了；2012年，不與索尼、東芝和日立同調，拒絕了產業革新機構邀請加入JDI。但是，也有人認為夏普過於自負。

表面上，夏普指責鴻海不守信：「照合約走，猜拳後不能反悔！」實際上，另有難言之隱。即經營陣營始終堅持「自力重建」，堅持不願外力介入。如前所述，出錢，歡迎；經營，免談。

偏偏郭董藏不住心裡話。他透過關西媒體日本產經新聞放話：「我又不是創投。單僅出資，沒這個必要。」「一定要介入夏普的經營，如果不要我介入，我就去找銀行團談。」這種言行，無形中對夏普高層造成心理傷害，徒增日後談判的困難。

談判過程從協議到破局後又死灰復燃，誠可謂兵不厭詐。情節高潮迭起，足以媲美商戰小說。

2012年年底，夏普發生了一件提振士氣的事。在奧田＋片山體制下，就在談判凍結期間，夏普獲得美國高通和韓國三星的資金。奧田自從手握大權後，膽由心生。上任後，不僅撤銷恩人町田的權限，還將液晶事業的戰略交涉權委任董事長片山幹雄。

對於把夏普的液晶事業發揚光大的片山而言，自己拿手的液晶事業豈能輕易放手？加上因未做風險評估一逕地擴大投資，導致夏普揹負大筆債務。因此，希望親力扭轉頹勢，在跌倒的地方爬起的願力勝過一切，況且，可否重新掌權就看今朝。於是，他開始努力地找尋鴻海以外的資金。同年8月至12月，帶領熟悉海外業務的高橋興三（後來的第7任社長）多次赴美，親自與世界一流企業英特爾、戴爾、HP、微軟等洽談。最後，說服高通出資100億日圓，於2012年12月3日，以終值172日圓取得夏普3.53%股份，但沒有經營權。

三星現身則在2012年12月13日。三星副董事長李在鎔赴夏普做禮貌性拜訪，當場表示想出資堺工廠。但夏普當下以「已與鴻海合作」為由予以婉拒。隨後，夏普的董事藤本俊彥沒來由的建議不妨投資夏普本體。據聞當時的考量是，三星如果成為股東，必會大量購買龜山工廠生產過剩的液晶面板。

針對與宿敵三星合作，夏普內部的意見嚴重分歧。但是，三星見勢放低姿態，表明不干預經營；不要IGZO技術；日本經濟產業省（相當台灣的經濟部）若反對就撤手等，這才化解了經營陣的恐懼，甘冒危險與狼共舞。

2013年3月6日，三星以接近實價290日圓股價，資金103億日圓，取得夏普3.04%股份（據聞2016年9月15日退股）。2013年2月22日，夏普發表中期營運計劃，不僅未將鴻海投資納入計劃，還預告夏普與鴻海恐難在匯款期限前（2013年3月26日）達成結盟。另一方面，對外宣布將自主籌措資金，計劃透過公募增資以及對金融機構實施第三者配額增資等方式，籌措2000億日圓。

這段期間，鴻海的營運也出現陰影。首先，與夏普針對生產中小尺寸面板一事意見相左，接著蘋果 iPhone 5 減產，加上不滿三星加入。雙方難以妥協的態勢益加明顯。夏普與三星簽約前一天（3月5日）下午，郭董正陪同蘋果相關人士在堺工廠參觀。那天，他原準備和奧田、片山會談，三星入股的消息傳到耳裡。根據《夏普崩壞》作者的說法，郭董一開始還表示能夠體諒，但後來聽說夏普向三星承諾「不同意鴻海降低股價及增資」，「夏普有義務努力勸服鴻海，將堺工廠的股份讓給三星」。這個說法，激怒了郭董。

但是，《鴻海為何贏得夏普》的作者則另有一說。矢野耕三親口告訴作者中田，取消會談的是夏普。因為夏普原與鴻海口頭上約定，無論如何都不讓三星插手。結果，改變態度的是夏普。「簡直就是兒戲！」矢野為鴻海抱不平。據聞鴻海與夏普的合資協議書中，似乎確有這條口頭協議。

從郭董的角度來看，三星擺明來搞破壞，而夏普竟隨之起舞。於是，向《東洋經濟商業週刊》申冤：「我被夏普騙了」之說不脛而走。郭董最大的不滿有三，一是夏普在簽約前後，掩飾股價跌宕秘而不宣，有遮掩巨額損失不揚之虞；二是夏普的大老町田都說股價可改了，奧田卻片面宣布無效；第三，夏普賣給三星和高通的股價都便宜，鴻海卻必須承受高價。

針對這件事，日本一般投資家的看法是，高通和三星以結盟時點或在實際支付時，得以下降的股價取得股份，唯獨要求鴻海以高股價收購。因此，鴻海對這種差別待遇感到不滿，情有可原。

3月14日，鴻海首次承認交涉遇阻。3月24日，奧田赴香港的鴻海辦公室與郭董會談，希望鴻海履行投資計畫，但歧見無法化解，鴻夏戀宣布破裂。6月，夏普社長再度交替。原北美事業部本部長高橋興三繼任新社長，並進行內部體制改革。原董事長町田改任無酬勞顧問，將專車、秘書和辦公室歸返且約束不準干涉經營；董事長片山成為技術顧問，辦公室調至奈良天理，遠離經營重地堺工廠；第6任社長奥田隆司留在夏普繼續效勞，轉任沒有法人代表權的董事長。

6月25日，高橋興三在夏普股東大會說明鴻夏戀實況。對著股東表示，鴻海若依照當初協議而有出資意願，夏普很歡迎，但如果沒有任何表示，夏普也無意攀緣。6月26日，郭董在台灣鴻海股東大會表示，持續交涉中，但夏普經營層新舊交替，達成協議需要時間。

2013年後半到2014年前半，雙方鴻溝始終無法填補。2014年3月26日，原是鴻海取得夏普股份的最終期限，但兩家都沒有提出新提案，資本合作的交涉自然終止。這時，原本經常在旁起哄的日本產業界、媒體、政府機關也悄聲不語。談判正式進入冷戰期。

▶亞洲黑衣人行動了

在低盪期間，郭台銘沒有喪志，目標依舊清楚。誠如他喜愛的豐田英二所云「面臨轉折點，不勇往直前，只有死路一條。」於是，開始摸索新戰術。首先，左右開弓，針對全球市場實施多角化經營。在戰略位置上，先堅守日本陣地，後揮軍進擊韓國，再敏速靠攏中國和其他國家。其次，掌握技術和人才，先購買技術專利，再大規模招募人才。

郭董不屈不撓的拼戰模樣，在2014年5月播放的NHK紀錄片「亞洲的黑衣人行動了」有很生動的描述。台灣公視後於2015年7月，以「郭董的進擊」為題重播。黑衣人因全身穿黑衣蒙面而取名，原指在日本傳統戲劇歌舞伎、淨琉璃等舞台上協助演出的人，尤其後者是木偶戲，如人形般高大的木偶需人在旁操控才能作動。NHK將黑衣人的意涵套在郭董身上。世界代工王背地製造品牌產品卻不公開露面。但其重要性猶如黑衣人，缺少他，整齣戲無法上演。如今，黑衣人採取行動了，攻城掠地又擄人，來勢洶洶，在全球掀風淘浪。

參考高晉建的《霸者鴻海的經營與戰略》得知，鴻海重要的具體做法如下：直搗敵人陣地韓國。2014年6月，向韓國電子通訊大家SK集團傘下資訊系統公司SK C&C出資，取得4.9%股份，成為第二大股東。用意是先與其建構夥伴關係後，再殺入宿敵三星的本營。SK集團是韓國第三大財閥，兩家於2015年在香港成立合資公司，鴻海的中國工廠需要SK擅長的IT技術提高生產效率。其次，開發新事業，積極多角化，爭取雲端設備、太陽電池、人形機器人、汽車零件等訂單，先後與中國及世界級大企業聯手，在人口規模大的市場布局，例如中國、北美、日本、歐洲、印尼、印度、巴西等。其中，最為人熟知的是與軟銀的孫正義、阿里巴巴的馬雲結盟，台灣、日本、中國聯合戰線高調成形，聯手搶攻全球機器人市場（2016年7月，台灣開始販售機器人沛博，10月，軟銀宣布將在中國大陸開始販售）。

其次，鴻海因對夏普出資遭挫，先進的液晶技術無法到手

（旗下雖有群創光電，但缺乏低溫多晶矽LTPS技術（Low Temperature Poly-silicon）做的面板。為了讓行動裝置使用的顯示技術AMOLED（主動矩陣有機發光二極體，Active-matrix organic light-emitting diode）發揮效用，其為必須的載具）。於是，改為購買專利及雇用日本技術員。先在2012年9月，花費94.5億日圓向NEC購買液晶相關專利；後於2013年5月，在大阪成立顯示器關聯子公司「富士康日本技研」（2016年8月撤除，併入堺工廠），禮聘夏普原資深技術員矢野耕三、索尼原副總裁森尾稔擔任顧問；再以120億日圓人事費，採用夏普、松下、索尼和三洋電機等中途退職的40名技術員。這些人不僅擔任技術開發，也負責現場實務工作。之後，在橫濱市成立相同的研發據點，聘用首都圈的日本技術員。另一方面，強化人員交流及技術合作，不僅派遣許多台灣技術員和業務員赴堺工廠學習，並讓日本技術員在鴻海的生產現場上應用專利技術，並爭取到美國VIZIO和中國電視客戶的訂單等。

相對於鴻海的積極靈活，夏普前景仍吉凶未卜。對夏普難以忘情的郭董，在2015年春天重傳秋波。當時，夏普的赤字達2223億日圓，股價下跌，經營陣營雖刷新，但經營仍陷危機中。

談判再現曙光，就在這時。

2015年6月，高橋在股東大會釋出善意，表示不會全然拒絕鴻海的援助；7月31日，再度在財報會議中鬆口，考慮將面板事業分拆，願意與其他公司合作，甚至接受入股；2015年12月，夏普帶息債務增至1兆日圓。鴻海出面表示，願意溢價入股夏普有意分出的面板事業，並將擬砸下的資金從2000億日圓，提高至5000億圓。但夏普對鴻海戒心難釋，不願輕易委身。

2016年1月11日，程咬金INCJ殺出，並對外公開將砸2000億日圓，爭取夏普面板新公司9成股權。夏普芳心動搖，對外宣稱已和兩家債權銀行針對INCJ所提重建案展開協商，不排除優先與INCJ合作的可能。1月19日，INCJ考慮將資金從2000億提高至5000億日圓，以對抗鴻海。鴻海則回以增資加至7000億日圓，近身肉搏。1月22日，日本媒體紛紛報導，INCJ收購夏普大勢已定；1月26日，郭董急飛日本一週，先後向夏普高層、經濟產業省、債權銀行等明志，馬不停蹄。1月30日，根據《產經west》Web版（2月14日）報導，郭董與夏普高層關門開會時，口頭允諾三件事：出資加額、不裁員、不脫售任何部門。2月4日，夏普董事會改口宣布，優先考慮鴻海案。高橋隨後召開記者會坦承鴻海案較優；2月5日，郭董赴大阪夏普本部再度與高層懇談8小時，後向媒體表示取得優先交涉權；2月18日，進擊的郭董再度赴日拜訪軟銀、佳能等公司，洽談未來合作的事業。與軟銀總裁孫正義談在印度合資的再生能源合作事業；佳能則因擁有人眼無法透視的照相技術而受郭董青睞。據聞這項技術可拍到40公里外人臉上的黑點，並清晰地照出癌細胞；2月25日，夏普臨時董事會一致通過接受鴻海案。

鴻海搶親成功。但一波三折，隨後又發生夏普出現「或有債務」（contingent liabilities）事件。2月24日，夏普親自向鴻海遞交一份「或有債務」清單，約100個項目，內容包括解聘員工費用、員工宿舍貸款債務保證金，以及太陽能面板原料、工廠電力供應長期契約所需費用等，金額達3500億日圓。2月底，鴻海派律師和會計師100多人查帳，兵分二路。其中，先遣部隊赴夏普總部評估債務問題，另一組負責釐清關鍵文件，目的是為了解收購金額是否合宜。之後，鴻海提出降低出資金2000億日億（原4890億日圓）、撤回保證金1000億日圓的要求。3月14日，夏普向債權銀行的融資5100億日圓，償還期限3月底到期。大限逼近，高橋親訪鴻海在台灣的總部。3月25日，瑞穗銀行首腦出面斡旋，應允鴻海降低出資額1000億日圓，作為及早握手言和的條件。鴻海思考後終於點頭同意，最終以3888億日圓成交。4月2日正式簽署合約。另根據作家安田峰俊透露，鴻海鑑於或有債務和股價事件，在合約中加了一條鮮為人知的但書。大意是若於10月5日前因故（非鴻海責任）無法實現結盟，則夏普有義務協助事發3個月後，由鴻海或由其指定的第三者，以公正的價格取得夏普的液晶事業部門。

鴻夏戀談判峰迴路轉，險象環生，但終於告一段落。

接下來的要事是重建夏普。事實上，郭董早在2015年3月接受《東洋經濟週刊》採訪時，就已透露重建夏普的構想。當時，他在富士康深圳總部接受該刊專訪時，親自在白板寫下6個大方向：一、希望投資SHARP本社，但要能夠參與經營；二、可以協助SHARP本社，從不同角度的立場，提供他們經營的建議；三、如果我們投資本社，我們會給經營團隊要想辦法賺錢的壓力，push他們改變；四、對經營不善的事業部門，要轉型或改變商業模式；五、協助他們提高效率、降低成本；六、協助他們開拓新的市場。

協助重建的原創內容，簡明易懂，對照戴正吳就職發布的重建計畫，精神依然存在。鴻海經營堺工廠交出亮眼的成績，同時展現其經營辣腕。戴正吳上任後接受台灣媒體採訪時透露，頒發獎金激勵員工；用10代線特有基板切割出低成本的60吋電視面板；產品交由鴻海負責生產和銷售等，是提高業績的主因。與夏普自己的龜山工廠和三重工廠相較，堺工廠的大型面板業績提升，生產線維持高開工率。2013年，締造年利潤151億日圓以及2014年12月，營業額達2203億日圓的佳績。平均一年利潤72億日圓，連續兩期盈餘。2015年之後，美國與中國的大型電視需求增加，堺工廠幾乎全線開工。

堺工廠的例子，儘管確有三星下單加持，但仍然證明了鴻海活用人事、控制成本的本事，還有調度、生產零件的能耐與在產品通路上的實力。這個事實在無形中，指引出與夏普共存共榮的可能性。

日本有句俗諺：灯台下暗し，從字義直譯是「燈台旁是暗的」，意譯是「當局者迷」。一直以來，夏普滿心不希望鴻海或其他企業介入經營。但過去數年，股票一度被評為垃圾等級，即使身陷鴻海、蘋果、三星、高通及債權銀行等列強環伺的險境，仍堅持國家（詳見第二章「自己主義的幸與不幸」一節）和自家利益優先、技術比成本重要。執迷不悟又堅持故我，讓人忍不住捏把冷汗。夏普為何臨危仍不願放下身段？淪為敗軍之將的原因為何？下一個章節要談的就是夏普的身世榮枯。

夏普新人事（2016年8月27日） 【Box1】

(1)董事會

新任	姓名	現任
代表董事 副社長 兼任管理統籌本部部長	野村 勝明	代表董事 兼任副總經理執行董事兼任經營企劃部部長 兼任會計財務部部長 兼任東京分公司社長
代表董事 兼任顯示器設備公司副社長	高山 俊明	代表董事
執行董事 兼任IoT通信事業本部部長	長谷川祥典	董事 兼執行董事 消費者電子公司社長
執行董事 兼任健康・環境系統事業本部部長 兼任夏普電子營銷公司董事長	沖津 雅浩	董事 兼常務董事 消費者電子公司公司執行副總裁 兼任健康・環境系統事業本部部長

(2)高階主管

新任	姓名	現任
董事 商務方案事業本部部長 兼任夏普商務方案公司董事長	中山 藤一	執行董事 商務方案公司社長 兼任夏普商務方案公司董事長
首席董事 顯示器設備公司社長	桶古 大亥	常務董事 顯示器設備公司社長 兼任 第二事業本部部長 兼任 液晶工程事業推進中心所長
董事 海外業務管理	藤本 俊彥	常務董事 促進業務合作
董事 電子設備事業本部部長	森谷 和弘	常務董事 電子裝置公司社長

董事 能源解決方案事業本部部長	佐佐岡 浩	執行董事 能源解決方案公司社長
董事 社長室室長	橋本 仁宏	常務董事 經營管理本部部長
董事 社長室法務長	依藤由美子	常務董事 法務長
董事 兼任夏普電子營銷公司社長	宮永 良一	執行董事 消費者電子公司執行副總裁 兼任健康·環境系統事業本部國內部部長
董事 亞洲太平洋暨中東地區代表 兼任 Sharp Electronics (Malaysia) Sdn. Bhd.會長兼任社長	新 晶	執行董事 消費者電子公司執行副總裁 兼任 健康·環境系統事業本部亞洲行銷部部長 兼任Sharp Electronics (Malaysia) Sdn. Bhd.會長兼任社長
研究開發事業本部部長	種谷 元隆	執行董事 研究開發本部部長
相機模組事業本部長	本道 昇宏	電子裝置公司執行副總裁
顯示器設備公司副社長	伴 厚志	顯示器設備公司執行副總裁 兼任開發中心所長
總管理部 管理本部部長	榊原 聰	執行董事 會計財務本部經理 財務長

(3)執行董事

新任	姓名	現任
執行董事 品質環境本部部長	谷口 信之	執行董事 品質環境長

資料來源：夏普（沈采蓁整理）

世界最先進環保工廠——「堺工廠」 【Box2】

「共生」的環保生態&高效率操作

■綜合能源管理系統

- 綜合能源管理中心無論管理方式、綠色IT、液晶大螢幕、寬頻網路等，能源來源都能見化（使用量預測、危險預知、最適當運轉量等）。
- 集中供給各工廠共同使用的電、純水、壓縮空氣、氮氣體等，努力打造綠色堺工廠，致力環保及節能。
- 形成「虛擬公司」，以「共生」概念，全力維護環保生態和高效率操作的工廠。

■搬運系統

- 以前，每天必須透過50輛卡車從各廠配送液晶面板的材料。但現在，透過搬運系統連結各廠房，使材料運輸變得更順暢，每年降低3300噸的廢氣排放。

世界最先進的環境工廠

■全面設置節能LED照明器具

- 綠色堺工廠全使用節能照明器具（以節省電費代替降低成本），台數也領先世界，約10萬台。
- LED照明採用夏普研發的正負簇離子發生器，顧及人體健康。
- 能滿足各設施所要求的視覺環境效能，使LED光源的特長發揮到最大，包含最適當的光源、器具開發及版面設計。

  ①導入並開發對電晶體製造過程產生影響的特定波長域的LED光源。

  ②挑高空間，高效率聚光透鏡採用LED照明裝載。

  ③利用太陽能，靠窗的燈能自動調節光線，以及使用感應燈。

  ④規劃地基時即著手設計室外照明。照明設計統一，外牆看板及太陽能電池板也使用LED照明。

■大型太陽能發電計畫

- 在地基內建築屋頂，設定太陽能發電系統，使其能供給工廠，當作一部分電力使用。

■液晶面板廢玻璃的再利用

- 廢玻璃再生。 315噸廢玻璃於再生後，可用於9800平方公尺的道路。

與社會共生

■汙水再利用——高度處理水再生的設備
・一般使用後的工業用水污水，會在做適當處理後，將之排放至河裡或大海。但是，綠色堺工廠環保的標準要求更高。汙水經過更高規格處理後，可回收做工業用水。綠色堺工廠的下水道汙水處理是規模最大。利用地域循環回收水的科技，實現與社會共生的理念。
■與大阪府立大學設立「生態研究所」
・與大阪府府立大學合作設立「生態研究所」，研究活用LED照明和正負簇離子，及植物栽培和廢棄物的再利用等。推動最先進的環境科技之共同研究，以與當地共生為目標。
■與環境的調和
・制定「街道設計方針」。 ・聯合以製造液晶面板和太陽能電池的企業，用「虛擬公司」的身分，考量環境為，制定設計方針。 Ⅰ.建築物標準（擴及牆面、建築位置、設備等） Ⅱ.外部設計標準（將太陽能電池面板活用於人行道、停車場等） Ⅲ.綠化設計標準（實施外圍綠化、中心通道種植計畫等） ・由於面海，計畫在三面臨大阪灣的半島狀基地上，種植適合環境的各種樹木。

資料來源：日本網路（沈采蓁整理）

《日產復興計畫》(2000~2002年)　【Box3】

《必達目標(commitment)》
1. 2001年3月31日之前，由虧損轉為盈餘。
2. 2003年3月31日之前，達成4.5%盈餘目標。
3. 2003年3月31日之前，將有利息的負債，從1兆4千億日圓降至4千億日圓。
《主要企業重整策略》
4. 2003年3月31日之前，削減現在日產總勞動人數14%，約21000人(包含日本國內16500人)，亦即從自148000人減少為127000人。
5. 2002年3月31日之前，關閉三家車輛裝配工廠和兩家動力工廠，削減國內多餘生產力約30%。將現行24個車種減少至15個。
6. 2002年3月31日之前，削減20%採購成本，將現行合作供應商從1千多家減少為600家。
7. 將非核心事業公司的股份及資產賣掉。
《資源重分配》
8. 2000年度到2002年度推出22項新商品，努力致力品牌重建（brand power），實行技術再投資。
9. 一年內投資額從2100億日圓增至3100億日圓。

取材自商周出版《日產的文藝復興——來自巴黎的新經營之神》(劉映君整理)

30秒看懂鴻海的經營策略 【Box4】

鴻海於西元1974年創立於台灣，原只是家社區工廠，由於抓準台商西進大陸的時機，藉此快速發展，無論是生產力、員工數、工廠數量，甚至營業額都迅速攀升，現在的鴻海已經是全世界最大的 EMS（電子專業代工製造服務）企業。

鴻海能有今天的規模，經營策略成功是主要原因。它的經營策略大致如下：擴大生產規模、善於併購、廠區分散、靈活調整、堅持品質、建立與夏普的關係、形塑成品牌公司、多元化經營。

鴻海之能走出與其他同業不同的路，主要憑藉以下具體的做法：

培育人才提高技能；取得專利核心技術；大量利用機器以取代人力，建立自動化工廠；在世界各地分別營建工廠，確保勞動力穩定；適時適度調整雇員人數、控制人事成本；調整生產設備、提高生產力、降低成本；合併及收購其他電子業；以量制價；代工類型多樣化及形成產業集團；與世界一流企業建立互惠關係；發展自有品牌、提升企業形象等。另外，鴻海為了更茁壯，除了原有的電子機器製造，也研發家電、太陽能發電、商業營運設備、手機、數據通信、醫療器材及汽車零件等相關產品。

鴻海的強項在於生產規模大、製作技術高及成本控制強，其價格策略及集團式經營可說高人一等。

整體而言，其擴張太大的多角化策略有些問題，例如，家電零售業與商業營運設備等事業，與鴻海的本業並無太大關聯，而且家電零售業曾多次挫敗，繼續經營這塊市場的必要性不高。

鴻海的經營雖成功，卻難脫血汗工廠的印象。但是，從經營策略來看，其經營手法確實高明，可以說成功並非偶然。只不過，目前的經營策略已無新意，被其他企業仿效的可能性極高。

因此，在日前宣布要轉型為科技服務公司。鴻海副總裁呂芳銘在一次公開演講中，以「鴻海集團成長史」為主題，分別從全球布局、商業模式之進化與投資布局、跨領域發展等議題切入。特別針對商業模式，他公開透露，鴻海將從代工（OEM）、共同開發設計（JDVM）、共同設計服務製造（JDSM）、原廠委託設計（ODM）、委外訂單（IDM）、創新硬體開發與製造（IIDM），邁向提供整體解決方案的服務模式（IIDM+S/M），而這是一種橫跨整合、創新、設計、製造、銷售、行銷的模式。

呂芳銘以鴻海迄今的三個發展軸線簡潔說明。第一個軸線是從品牌管理、市場行銷、銷售渠道，到產品管理、研發、供應鏈、製造等，屬於一個價值鏈。第二個軸線則是增加新的技術或產品。因此，在做投資或併購時，期待能帶來進步的技術、新的產品或新的解決方案。第三個軸線則是改被動為主動。例如產品規格原由客戶設計，鴻海代工生產。但現在要改變方向，產品規格將由鴻海制定、從事相關的研發設計，之後再交給客戶，提高價值鏈。鴻海脫胎換骨的心意看來已定。

主要取材自喬晉建著《霸者鴻海的經營與戰略》（沈采蓁綜合整理）

瑞穗銀行和鴻海的親密關係 【Box5】

根據日媒參考鴻海的公開文件報導，夏普紓困案前，瑞穗銀行早在2000年就是鴻海的主要往來銀行。瑞穗的前身第一勸業與東海銀行，曾聯合以利率0.55%的融資借鴻海40億日圓，鴻海當時的營業額僅3000億日圓，而且多向美國銀行借款。

2002年，瑞穗銀行正式成立，並擔任12家銀行的主幹事。瑞穗以獨到的眼光，在雷曼風暴（2008年9月15日）前2008年7月，搶先一步聯合貸款1000億日圓給鴻海的核心子公司富士康。另2014年12月鴻海公開的文件記載，在其8件長期貸款中，其中3件由瑞穗銀行主導且佔貸款總額75%。因此，在台灣政府及大型商業銀行對鴻海並沒有積極支援的情況下，瑞穗銀行卻及早在2000年看中鴻海，眼光銳利，說是鴻海的恩人應不為過。

瑞穗的著眼點在於鴻海的代工利潤雖低，但財務極健全。日媒分析，瑞穗應該算過，鴻海2014年12月期的 EBITDA （Earnings Before Interest, Taxes, Depreciation and Amortization，稅息折舊及攤銷前利潤）為8048億日圓，若將同時間點的計息債務算為1兆5754億日圓，則1.95年以全額償還計算。加上收購夏普的費用3888億日圓，有可能在一或兩年就能全部償還，據聞比日立製作所（日本八大電機優等生）的償還能力更高。而且除了鴻海每期所得的現金收益，其現金及同等於現金物尚有2.5兆日圓（2015年9月）的價值，所以，以銀行的立場而言，鴻海是可以放心貸款的企業。

參考日本媒體報導（黃丹青綜合整理）

原夏普董事會名單（13人）（2016年2月止）【Box6】

內部董事（參與經營者）

水嶋繁光（會長）
高橋興三（社長）
長谷川祥典（董事）
榊原聰（董事）

內部董事（未參與經營者）

橋本明博（瑞穗銀行）
橋本仁宏（三菱東京UFJ銀行）
半田力（經濟產業省）
伊藤ゆみ子（律師）

外部董事（未在夏普內擔任過任何職務者）

加藤誠（伊藤忠商事前副會長）
大八木成男（帝人會長）
北田幹直（律師）
住田昌弘（JIS株式會社會長）
齋藤進一（JIS株式會社社長）

（詹琇雯整理）

有機EL面板和液晶面板之比較

【Box7】

	液晶	有機 EL
薄型、輕量化	・塑膠板 ・薄型背光	・塑膠板 ・薄膜封口
	☞	☞
低耗電化	・高效率背光 ・反射型	・高效率發光材料 ・高開口率技術
	◎	△
提高耐撞性	・塑膠板 ・薄型背光	・塑膠板 ・薄膜封口
	☞	☞
開機速度快	・脈衝模式 ・應答的快速化	・脈衝模式
	△	☞
高畫質、高精細化	・高顯色 ・黑輝度下降	・高精細化技術 ・防止反射
	☞	☞
提高信賴性	・沒有其他大的課題需檢討	・高效率發光材料 ・高開口率技術
	◎	△
觸控對應	・曲面對應	・曲面對應 ・in-cell對應
	◎	☞
提高形狀的變化程度	・塑膠板 ・薄型背光	・塑膠板 ・薄膜封口
	×→△	☞

性能比較: ◎非常有利 ☞有利 △有點不利 ×不利

現在	未來
▶先將有機發光二極體商品化，壟斷市場	▶可以摺疊
▶現況：斷面曲線固定或固定邊緣	▶有機EL率先，接著是液晶
柔韌的有機 EL 配備之主要製品（使用塑膠板）	◎有機EL的主要開發課題 ▶提高信賴性 ▶低耗電化 ▶高精細化 ▶量產技術的確立
	◎液晶面板的主要開發課題 ▶彎曲時能見度降低之對策 ▶開發彈性背光之必要 ▶確立量產技術

參考自日本經濟新聞電子版（沈采蓁・黃丹青整理）

夏普歷任社長

【Box8】

- 第1任社長（1912~1970）早川徳次
- 第2任社長（1970-1986）佐伯旭
- 第3任社長（1986-1998）辻晴雄
- 第4任社長（1998-2007）町田勝彥
- 第5任社長（2007-2012）片山幹雄
- 第6任社長（2012-2013）奧田隆司
- 第7任社長（2013-2016）高橋興三
- 第8任社長（2016- ）戴正吳

參考日本維基

夏普2001~2015年業績

【Box9】

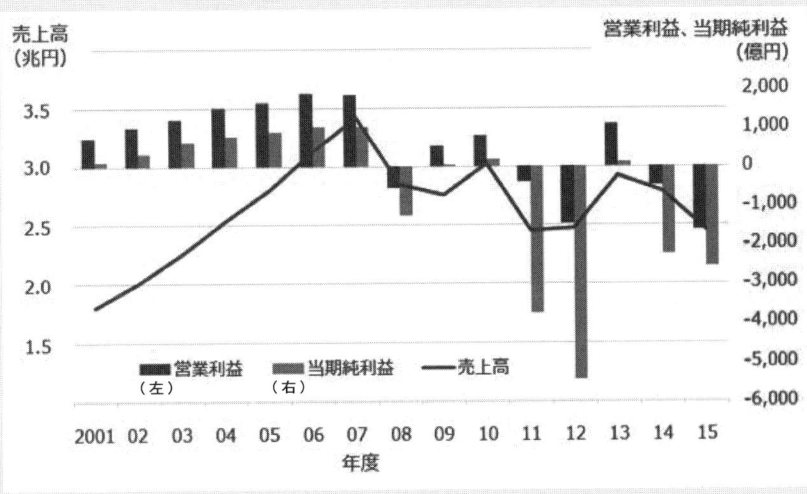

売上高＝營業額

營業利益＝營業收益(or損失)

当期純利益＝本期淨利(or淨損)

兆円＝兆日圓

億円＝億日圓

參考日本媒體

第二章

夏普的故事一：

盛者必衰若滄桑

SHARP

祇園精舍鐘聲響，訴說世事本無常；沙羅雙樹花失色，盛者必衰若滄桑。——平家物語

夏普納入鴻海麾下，終結104年的獨立經營。從企業經營來看，不能不說是一種挫敗。放諸四海，盛極必衰的定律，百年老舖也難遁逃。

《平家物語》是日本家喻戶曉的古典故事，主旨即人生無常、盛者必衰。這部戰爭文學講述1156年至1185年，源氏與平氏兩大氏族爭奪政權。後來，權傾一時的平氏遭源氏殲滅。平家領袖平清盛的故事，2012年還曾拍成NHK大河劇，蔚為話題。

日本有標榜失敗美學的文化。認為堅苦卓絕後的失敗，較追求安逸更有英雄氣概。而且，失敗更具普遍性，畢竟在別人的失敗中能看見自己，共鳴之餘也可引為借鏡。

至於如何反思挫敗以圖東山再起？沒人比夏普新掌舵者戴正吳更感到迫切。

穿博士袍的戴正吳正在鼓勵學弟妹。

2016年10月29日，戴正吳返台接受母校大同大學頒贈榮譽博士學位，當天是母校60週年校慶。他應邀出席就業座談會，有學妹問及如何看待失敗？新科博士戴桑回答：「把每個失敗和挫折都當作轉折點。」並順口提及2008年，鴻海深圳廠員工跳樓事件及2013年鴻海幹部集體貪污事件，可說是他職涯的重大挫折。為協助鴻海脫困，他和郭董雙雙

取消原擬的退休計劃。

退休計畫變卦後，未料65歲耳順之年重批戰袍轉戰東瀛。8月，戴正吳入居大阪阿倍野區的員工宿舍早春寮，清晨5時即起、晚上10時收工，披星戴月，上任後足足3個月沒回總公司。「在人生轉折點，既然做出選擇，只能勇往直前，」他如此鼓勵學弟妹們。

很少人知道，有德川家康稱譽的戴桑，單槍匹馬赴邊境堺工廠履職，氣魄和處境其實更像日本另一名歷史人物真田幸村。真田幸村（1561-1615年）有日本第一勇士之譽，後雖戰死沙場，但以寡敵眾重創敵軍雖敗猶榮。2016年NHK大戲「真田丸」主角就是他，據說開播時收視率達20%，創近3年新高。

當然，失敗不宜習以為常。戴社長身負扭轉夏普命運的重任，面對排山倒海的質疑，「改革不是口號，是宣誓。一定要帶領夏普在2018年重返東京證券第一部！」個子不高，卻聲音宏亮、內在堅定。夏普在2016年8月因債務高於資產，從一級的東證一部墜至二級的東證二部（Box1）。

▶ 看到 Terry 郭本尊了嗎？

「真田丸」的重要外景地是大阪城。筆者走訪時，只見城門外插著幾支宣傳大河劇的旗幟，寫著「大阪，戰國武將的夢舞台」。6月底適逢梅雨季節，狹長鮮紅的旗幟和滿園初夏的嫩綠，在濛濛細雨中對比更加鮮明。

戰國武將的夢舞台，正是夏普的崛起地。

臨海的大阪是貿易港口，在十七、十八世紀茁長為經濟活動旺盛的商城。夏普和著名的關西企業京都陶瓷、日本電產、松下電器、三洋電機等，都是關西的門面，也是日本經濟巔峰期的驕傲。這些企業在「日本第一」（1970年代末，美國哈佛大學教授傅高義撰寫《日本第一》，稱讚當時的日本教育普及、治安良好、犯罪率較低、貧富差距小、官員能幹、貪腐不嚴重、企業內部合作團結、產品質量高等）的時代，都曾貢獻己力，光耀門楣。

夏普在最風光時的廣告詞是「到處都看得到的夏普」，連消費者也琅琅上口。如今老舖凋零，宛如夢魘。原夏普人中田行彥的原文著作《シャープ企業敗戦の深層》，直譯是《夏普「企業戰敗」的深層》。

企業戰敗，帶來破壞性的效應不言可喻。對日本而言，等於告示全球產業結構變化、新興國家崛起、國際分工勢不可擋；新科技產業變化快速、日本製造業敗北後新產業待起、僱用問題惡化。對夏普而言，被外資收購、海內外據點縮小、國際聲譽受損；失去自主經營權、事業結構重新調整，耗神損精；社會信用失墜、消費者起疑；資產拍賣、工廠縮編、員工流失；優秀人才出走，弱化競爭力。……兵荒馬亂、人心惶惶，絕不若文學和戲劇所刻畫的浪漫寫意。

從人事的角度檢視，企業要有收益，員工的士氣至為首要，此所以戴正吳在2016年8月22日上任後，立即宣布人事是改革方針之一，畢竟人事評估足以影響組織的性格和成員的行動。

2008年之後是夏普泡沫的時代。企業動盪，導致員工流離、將才出走，影響競爭力之餘，對士氣殺傷力也強。

夏普在2012、2015兩年發生員工退潮，合計7300人選擇離開（自願或公司要求）或退休，以45歲以上居多。夏普的官方記錄顯示，2012年8月，堺工廠改組，減少1300人；2012年12月，自願退職者3000人；2015年9月3000人。至於地區的流動，以奈良為例，2015年9月離職者734人，全國最多。其中，45~49歲者佔24%、50~54歲者40%、55~59歲者32%；職種則以技術・專門職38%、事務職20%、製造業13%，顯示技術純熟的中年技術員及有專業者流失最多。業務單位也一樣。夏普家電業一名50世代的員工感嘆，年輕人求去，讓他的工作後繼無人。目前，夏普員工約43000人（國內14000人，國外28000人，2016年3月止）。至於離職者的去向，2012那年，據聞大多投效2011年被中國海爾集團收購的三洋電機白色家電部門；2015年離職的人約8成還沒找到工作。

為穩定軍心，戴正吳在公布2016年度（4月~9月）財報的記者會上強調，不會裁員。但是，「不喜歡鴻海色彩愈來愈濃，員工求去不絕於後，」《日經商業週刊》透露。夏普新經營陣容中，鴻家班就有9人。

目前，夏普人和日本人最關心的仍是雇用問題。

有一則插曲。自從鴻海入主後，郭董堅持夏普的員工要學好英文，員工也開始用 Terry 郭稱呼他。日本產經新聞報導，夏普總部會議室裡，經常傳出郭董的怒斥聲，但很多人沒見過他本人。於是，聽說他在公司內卻不見人影，神經緊繃的夏普員工們開始耳語：「看到 Terry 郭本尊了嗎？」

感覺有點滑稽的插曲另外有梗。「因為 Terry 郭的一舉一動，牽動著夏普員工的命運和際遇。」不願具名的夏普人透露。

成本效益是鴻海接管後的定調方針，如何轉虧為盈始終是優先考量。戴桑於2016年12月2日鬆口將關閉廣島三原工廠，約260名員工將移至同在廣島的福山工廠，另在東廣島市的廣島工廠也要縮編。目前雖不見裁員的動作，想來其他工廠隨之縮編勢在難免。只不過，針對今後將如何處理員工離職及輔導轉職一事，仍未見具體的措施，而以前的夏普也著墨不多，僅承認確保人才確實緊要，並列為「危機管理事項」。2016年的「有價證券報告書」四平八穩地記述：「鑑於公司的重生與成長，技術及管理的優秀人才不可或缺。但目前的經營狀況導致人才流動率升高。若無法預防在籍人才之流失及獲得新人才，並敦促從業員提升能力，集團的業績與財政勢必惡化。」

雇用問題影響社會安定至巨，公司向心力也受波及。體認到這一點，對離開熟悉的工作場域者的心理，相對的會較有同理心。即使有「成本殺手」之稱，日產汽車董事長戈恩當時的處理方式頗為周延，他在《日產的文藝復興》中提及：

> 我們再三地考慮因工廠關閉會引起的種種問題。不光只是為了達成目標，我不眠不休地檢討有什麼方法可以讓員工免於陷入窮困的境地。結果，受到工廠關閉而受到影響的員工總共有5200名。其中有3480名員工被安排到其他的工廠去，420名員工轉任當地日產的其他職缺。退職者總共有1300位，其中的100名是屆齡退休，1200名則留在原來的土地上繼續生活。對於退職員工的二度就業我們也盡全力支援。

「會社人生」是日本上班族的寫照。會社是公司的意思，日本的終身雇用制雖逐漸瓦解，但一般而言，上班族對公司的忠誠度普遍仍高；對上級的指示，即使內心不滿，但仍遵守服從；公司也是他們人生的重心。那麼，日本人如何看待夏普離職者的心態？「比較有信心或較無後顧之憂的人，會選擇離去，」是資深媒體人丸山勝的觀察。日經 BP 社特約記者大槻智洋則從工作價值觀考量：「在日本，很多人是職人心態，夏普人也一樣。說真的，我覺得他們不太在乎薪水高低。」專攻金融的大槻提及自己大學畢業後，很敢給錢的野村證券曾找他面試，但他婉拒了。因為知道天下無白吃的午餐，何況還有比錢更重要的事。大槻長駐台灣，採訪觀察鴻海10年以上，目前在台灣經營一家科技公司。

價值觀也許多元化，但勞動環境和勞資關係仍是基本的訴求。事實上，鴻海接管夏普前後，選擇留下的員工心情或動搖或低落，士氣不算高昂。畢竟舊局混亂而新局混沌。

一名30世代的夏普人接受朝日新聞訪問時坦承，由於不知道是否能自我實現，所以還在觀望中，並透露和他心情一樣的同事還有。當初，因為喜歡創辦人早川德次的經營信條「誠意與創意」而選擇進來夏普，如今新主凡事講求效率和速度，這名年輕夏普人判斷：「可能需要一段時間，才能做自己真正想做的事吧。」創辦人早川在1973年揭示經營信條，期待員工專注於誠意與創意「二意」，以誠懇的態度開發出獨創的技術。

「有玩心才有新點子。不過，這需要餘裕和開放的環境，」早稻田教授長內厚曾在日本的電視訪談中提及夏普研發人員的特質，同時點出創意和效率的兩難。

早川德次的銅像

據了解，有些員工因勞動環境改變之故，向心力渙散。

原因有二。一是原放置在大阪西田邊總部一樓玄關創辦人早川德次的銅像消失，遷移到新總部堺工廠去了。早川銅像身穿燕尾服、雙拳緊握、模樣堅毅挺拔。儘管年代久遠，但這位創業者依然眾望所歸。戴正吳每天上班前，也會對銅像行禮。銅像於1968年由夏普全國品牌商店協會致贈，古銅色的碑文寫道：「紀念早川電機（夏普舊名）創業55週年。稱頌早川社長偉大的業績與德行」。

二是通勤不便。夏普有些事務職員工至今仍無法適應到堺工廠上班，聽說有人得知上班地點更換，當場辭職。有日本媒體報導，目前，只允許管理職開車上班，一般員工則需換乘電鐵和巴士。從大阪市中心搭南海電鐵「堺」站下車，再改搭20分路程的巴士。堺工廠佔地寬廣，從大門步行到辦公大樓1公里。「搭巴士感覺像搭囚車出勤，」有員工對日本媒體透露。甚至有人懷疑新老闆有意為難，要他們知難而退。溝通不力、認識不足、想法不同或立場有異，對抗的張力也隨之產生。

理智上，明知今非昔比，但心理適應需要時間。總部搬遷，連與夏普無關的日本人的神經都被牽動。2016年6月30日是阿倍野區長池町夏普舊總部（1943年建立，正式名稱是「總社事務所」。原於2015年9月脫售給宜得利，後在2016年10月被鴻海買回），即將結束以總部身分營業的最後一天。黃昏時分，夕暉下4層樓高的白色建築風華未減，許多日本人舉著相機，面對屋頂的紅字看板「SHARP」喀嚓喀嚓地拍攝，試圖留下歷史的鏡頭，內心卻五味雜陳。

夏普的創業地

透過日本電視報導，一名當地男子說道：「從孩童時代開始，夏普就在這裡了，覺得很理所當然。淪落成這樣，心裡真難過。」另一名男子則感嘆道：「我在附近長大。常常得意的跟外地的朋友說，我家就在夏普旁。幾年前，阪和線電鐵要設高架，因為有夏普所以改道，我還很開心呢。現在被外資併購，總部角色對調，真是做夢也想不到啊。」

▶投靠「比太陽還熱情的男人」

「做夢也想不到啊」一句話，洩露了自尊心強的日本人難以面對事實的情結。

這一點，日本官民一致，大致分成兩派。日本國家隊INCJ出面奪愛的動機之一正是捍衛尖端技術外流，維護數位電子產業心切，而為其搖旗吶喊的民間人所在多有。但是，長內厚是另一派。他認為，以技術外流為名是一種偏見。他直言不諱：「如果併購夏普的是歐美，我想，他們就不會這麼說了。」

相對的，東京工業大學教授細野秀雄的意見則較持平。他分析，夏普被鴻海併購，打擊了日本人的驕傲，讓日本人覺得很丟臉是事實。但是，如果從國際併購的歷史看，有這種心理也很自然，「40年前，日本跑到美國併購，美國人一樣很不爽。工業技術一直在進步，沒辦法。」他也是發現IGZO的科學家，有「IGZO之父」的稱譽。

國際環境波動、匯率變動、科技技術與時俱進等，都是影響製造業競爭條件的外在因素。特別在未來產業方面，各國暗自較勁互扯後腿時有所聞。夏普臣服鴻海，不服輸的日本企業和夏普人的確存在。

2015年以後，受經營危機和鴻海介入影響，夏普內部的波動不歇：資產拍賣、工廠縮編、供應商減少、商品賤賣、員工減薪、將才求去等亂局持續。其中，尤以3名大將片山幹雄、大西徹夫（原夏普副社長）、方志教和（原夏普專務執行董事及面板事業負責人）先後出走，在夏普和業界都投下震撼彈。

面板高手方志轉戰 JDI；片山和大西則投靠日本電產。不僅如此，日本電產還吸收了100名以上夏普部長級人物。

日本電產以製造消費性電子產品微型馬達（42%）為主，其他還有汽車、家電、工業馬達（39%），以及電子・光學產品、機器裝置等。換言之，手機、遊戲機、DVD播放機、電腦、空調、微波爐等家電用品，以及汽車、滑翔機的螺旋槳轉動裝置中，都有日本電產的產品。日本電產有21項產品市佔率全球第一。最近，對外宣稱將活用驅動裝置馬達技術（該公司的高精度減速機Iobal（同芯軸）獨佔日本市場，廣泛應用在機器人、金屬成型、半導體、組合機器、自動檢查裝置等）涉足 IoT（Internet of Things，物聯網）新領域，爭搶大餅。戴正吳甫上任即宣布全速發展 IoT 事業，將輔導夏普及早開發智慧家居、智慧辦公室、智慧工廠，智慧城市等，為在2020年東京奧運打造商機，未雨綢繆。

日本電產及其CEO永守重信的名號響叮噹。有人說永井是「日本郭台銘」，拼戰精神極為神似。永井年輕時隻身赴紐約做業務，查電話簿一家家地打電話自我推薦，結果獲大企業3M應允面談。當時，3M技術部長表示，他們需要的小型錄音機小馬達尺寸，要比永井帶來的樣品小3倍。永井聞訊後回國立刻著手開發，第二年果然做出來。此舉，不僅掌握到大客戶，在日本國內的評價也隨之提高。後來，他把「立刻做、一定做，直到學會為止一直做」當作公司的精神，其經營方針（Box2）也為人津津樂道。

這位年已古稀（71歲）的創業家，每天工作16小時，年終無休，作風和一般日本CEO不一樣，鼓勵員工冒險犯難，性格剛強豪邁，員工稱他「比太陽還熱情的男人」。雷曼風暴後，電產的經營相當艱困，但永井咬緊牙關沒有裁員。2016年6月的夏普股東大會上，和稻盛和夫一樣，永井的名字也多次被提起。

夏普人自動靠攏，日本電產二話不說。永井對外宣稱，經歷挫折是要事，應付危機的本領會增強，相信夏普人會把犯錯當養分，想成功的動機更高。他還豪氣萬丈的對媒體拍胸脯表示：「再來1000個也沒問題。托福，電產和 IoT 相關的工作，現在都由夏普出身的人擔綱。」2016年，永井入選「哈佛商業評論全球執行長100強」第42名。是亞洲執行長第2名（郭台銘第1名），但在CSRHub（評審公司的名字，彙總ESG資料，即Environmental、Social、Government）的名次優於鴻海。永井的全球執行長排名領先優衣庫的柳井正和軟銀的孫正義，是孫正義最佩服的企業家。

日本電產在1973年成立，全球有140家分公司，全世界員工13萬人（日本國內約3000人），其中9成是來自34個國家的外國人。當觀察家形容日本的景氣像溫水煮青蛙，電產卻在最近對外發表2016年的成長率為7%，純利潤501億日圓。近年積極併購，目前營業額約1兆億日圓，揚言2030年營業額要成長至10兆日圓，從業員增至100萬人。

一樣的關西名門，夏普和電產卻兩種心情。聚集了原夏普人的電產總部在京都南區久世殿城町。從公車的窗戶遠眺，建築外型像極一艘蓄勢升空的宇宙太空船。踏入玄關，第一眼是三面牆上掛滿的向日葵油畫。金黃色油畫與擺滿主要產品數個透明大型玻璃櫃搭配，氣氛明朗熱鬧。比太陽還熱情的男人借重夏普人，壯大經營實力，不用風力用熱力，聲名遠播。而稻盛和夫創立的京都陶瓷則比鄰而居。

永井和郭董是舊識，夏普又是買電產小馬達的客戶，所以對聘用夏普人一事，他絕不提挖角兩個字。但是，日本業界咸認，有心在新天地捲土重來的夏普人，和拓展新事業亟需人才的日本電產，供需一致，不謀而合。原夏普人似也積極地重新尋求工作的價值，將日本電產和JDI當作重生之地。

日本電產大廳的向日葵油畫

原夏普社長片山幹雄的名聲毀譽參半。2016年6月末，在夏普的股東大會中，幾名股東批評他沒羞恥心，竟有臉跑到其他企業繼續領薪水；作家立石泰責其剛愎自用，壞了大事；夏普員工也多指責他是罪人。但日本基督教大學教授大久保隆弘看法不同。大久保形容片山是「蚱蜢型人物」，自由奔放，顧前不看後；中田行彥說他「思路清晰，充滿自信」。細野秀雄也說，若非百年難得一次的美國金融風暴，片山未必全盤皆輸。

負咎辭職後在新天地宣誓東山再起。目前任職電產副董事長的片山，在就職記者會上描繪新工作願景，強調電產早已著眼工業自動化和風電市場，拿手的驅動裝置馬達是 IoT 的關鍵技術，相信新事業一定能為人帶來舒適和幸福的生活。盛傳他是永井的接班人。

原夏普財務大臣大西徹夫，則在電產擔任副社長及會計・財務部門要職，摩拳擦掌要替「絕不許出現赤字」的新職場效力。大西曾是夏普的CFO（財務最高負責人），負責與金融銀行業打交道。日本銀行說過，如果他不出面，夏普的經營陣絕對不動。他曾統帥營業額佔1/4的家電・商業・產業用馬達事業部，嫻熟財務以外，也是國際派人物，在夏普做過太陽能電池事業總帥及歐洲・中東歐本部部長，做過收購、擴大事業的預算管理，與海外交涉的經驗也很豐富。他原期待夏普能在銀行傘下重建，但未如願。因不滿鴻海誠信不足，得知鴻海將執主導權後，留下一句：「已無我用武之地」後閃辭。

方志教和轉任JDI副社長，JDI在面板爭霸戰中是鴻海的勁敵。夏普建設三重縣龜山工廠時，由他主導。方志從事半導體和液晶事業多年，深諳面板量產技術，助夏普打響「液晶夏普」名號有功。而且，人脈廣、業務能力強，也是擴展夏普與蘋果、福特、小米等客戶的老臣，可謂夏普的靈魂人物。液晶面板的業務講究「有頭臉的經營者」，能盡速應對新機種手機且提供客戶需求改良過的面板，是建立信賴關係的基礎。身為液晶最高負責人的方志，於2014年與小米科技創業者雷軍建立良好的關係。曾在僅數個月中，即達成提供數萬張液晶面板的任務，讓夏普的業績好轉。2015年他卸任董事一職，雷軍還為此不平，提出質詢：「為什麼拿掉他？」方志在社內薰陶過許多後進，甚孚眾望。

鴻海投注巨金，積極活用耗電少精細度高的IGZO技術。但是，熟練的技術員若跳槽至JDI，對其日後重振液晶事業非但不利，甚至可能延後次世代有機EL的實用化與量產，壯大JDI聲勢不說，還壞了追趕宿敵三星、制霸全球大計。

方志是夏普自己培養出來的巨星，卻寧可選擇投效鴻海眼中的敵營，影響其他有實力的員工隨後出走，此所以郭董對他極為不滿，公開指名他是「下壞蛋的雞」。

痛失開疆闢土的將才、員工對未來感到不安、雇用前景不透明，人事問題方興未艾。「夏普投靠日本電產的員工仍在進行中，」《日經商業週刊》撰文透露。帳面上，2016年11月公布夏普的淨損額較3年前改善（主因是夏普撤廢北美的電視事業、人員削減和鴻海出資償債後，銀行借款利息減少、要求供應商降價等措施），但利潤仍是赤字（Box3）。另外，2017年2月公布的稅後純損僅411億日圓，較鴻海入主時的1083億減少許多，但這是託面板漲價和匯率影響之福。因此，在成長不可預期，成本仍需控制的前提下，勞務、工廠整併、有機EL前景未卜等問題暗潮洶湧，有日本媒體用「紙老虎」形容夏普目前的處境，暗示重建之路仍遙。

▶沉默山丘・荒涼工廠・暮落東京灣

研發和生產技術，一直是製造業夏普的強項和優勢。

打開夏普的公司網頁後發現受獎紀錄無數，表彰的名義琳琅滿目。值得特書的是，夏普領先群倫的液晶技術。1973年，率先將液晶用在顯示器，推出黑白液晶顯示器電子計算機。後於1988年，首度將液晶應用在電視上，推出電視用14吋TFT彩色液晶顯示器，成為顛覆黑白電視的推手。這項技術後來獲「美國電機電子工程學會」（Institute of Electrical and Electronics Engineers，簡稱IEEE）認定是改變電視歷史重大的里程碑。其他還有2005年的全晶體管台式電子計算機（開發時間1964-1973年）；2010年的太陽能電池（1959-1983年）；2014年的14吋 TFT 液晶顯示器（1988年），是業界唯一連續3次獲里程碑獎的企業。事實上，1912年創業至今，夏普有許多技術和商品都是世界或日本首創（Box4）。

但是，在夏普泡沫時代，連研發也退步了。例如，申請國際專利的件數，從2013年全球第6名，掉到2014年第14名。

位於奈良天理市的天理工廠和天理綜合開發中心，是夏普研發與生產尖端元件的搖籃，同時是開發基板技術和要素技術的大本營。更是讓其掙脫裝配工廠形象重要的基地，1961年在大阪成立的「中央研究所」後來也轉移至此合併了。一開始，為拓展半導體產業而設立了半導體工廠，製造大型積體電路LSI，用在文字處理機、微波爐、攝影機和電腦等，1989年，加蓋大型TFT液晶工廠。可說是創辦人早川德次和接班人佐伯旭（第2任社長）寄予厚望的部門。目前有研究開發部和電子零件・液晶部門，除了從事基礎研究和開發生產技術，也負責生產液晶顯示器。記錄著過去光輝歲月的夏普博物館也在這裡。

「以前夏普的總裁們，對科技都感到高度的興趣，」細野秀雄透露。這位國際知名的材料科學家期待鴻海重視研發，成為台灣第一個以研發致勝的企業，「這麼一來，鴻海成為世界級企業將指日可待，」科學家對鴻海充滿期待。（Box5）。

天理工廠遠離塵囂。搭電車在「天理」站下車，再改搭約10分鐘的計程車。天理市是宗教都市，以天理教聞名，是日本唯一用宗教命名的城市，也是古文化的發源地。「在這裡工作的人綽號叫「奈良殿下」（奈良のお殿様），」大槻智洋笑道。以前，這裡的研發人員只需負責開發尖端商品，做出好東西就好，花錢費時都無須牽掛，社風開放自由而且自然景致豐饒。據說工廠境內在開發時曾發現20多座八世紀奈良時代的古墳，因而多次更動施工計畫，「徜徉著古墳的近代工廠」之名遠播。在這裏，品種稀少的日本百合會在10月開花，螢火蟲生息在河流川畔。

大自然雖生生不息，人事卻脆弱多變。2012年前後，夏普業績滑落最嚴重時，連工作環境的氛圍也變調了。由於地勢的關係，無論搭巴士或開車上班，員工都要順著丘陵爬坡走到辦公大樓，「有人一下車，就把耳機塞進耳朵，走在山丘上，沒有人說話，」有日本媒體如此形容。

下班時也一樣。傍晚5點，一窩蜂從辦公室走出的員工，無言的步下山丘。聽不到往日彼此「喝酒去吧」的吆喝聲。「最近的夏普，每個人都默不吭聲，活像在北朝鮮，」年輕員工發出感嘆。

公司賠錢，減省成本第一，連研發的風氣都扭曲。那段時期，文具規定買便宜貨，需要的物品也不許任意採購，上司們語帶焦慮地催促研究員：「研發些能替代液晶的新東西吧」、「要做，就要做能換錢的東西」，然而，研發豈能立竿見影？「既然加班費也沒了，乾脆提早準時打道回府吧，」員工的士氣跌到谷底。

6月底，筆者前往夏普博物館參觀。搭乘計程車通過警衛駛進境內，佔地20萬平方公尺的土地上，不見人影，空蕩寂寥。遠處高低起伏的丘陵上，數棟白色大樓默然林立，其中還有像員工宿舍的大樓，足見當年盛況。

博物館導覽中谷友美透露：「2010年是盛期，約有5000人在這裡工作，現在大概剩1000多人了。」中谷的職稱是開發革新中心策略企劃室副主任，在夏普已服務30年。

現任堺工廠顧問矢野耕三（Box6）曾在天理工作過。他表示，很懷念那段歲月。儘管工作繁重，經常加班到深夜，但無憂無慮。在天理，他和團隊開發了無數嶄新的技術，最得意的莫過花了1年時間，研發出液晶電視顯示器（1998年），這個產品獲2014年 IEEE 里程碑獎，被譽為是電視技術的重大突破。

往事已成追憶。特別能凸顯夏普浮沉的是先驅工廠的縮編及受牽連的地方經濟。三重縣龜山市的龜山第一和第二工廠與街道即是。

兩座工廠分別在2002年和2004年建設，投入資金達5000億日圓，是環保型工廠，也是與勁敵三星決勝負的歷史基地（詳見「『大和』與『武藏』艦隊」一節）。2000年代，以「世界的龜山」名號出發，全心投入製造高端液晶電視。龜山第一6世代工廠生產的37吋電視「AQUOS」（品牌名），是日本首次推出的超薄型液晶電視，2002年生產了100萬台。「買電視就買 AQUOS」成了消費者的口頭禪。從日本出發，以尖端技術震撼全球的「世界龜山」名聲不脛而走。後來，2012年承接蘋果智慧型手機生意，開始生產IGZO中小型液晶面板。第一工廠內有座空中走廊，可直通蘋果的辦公室。盛期時員工3000人，現在約2000人。兩座工廠在同一塊土地上，佔地33萬平方公尺，朝日新聞記者齋藤健一郎形容「視線所及望不盡」。

從國鐵JR龜山站下車往西走約5公里，搭計程車約需15分。現在的計程車司機都說，以前乘客一下電車，清一色都指定要到夏普，最近，「只剩7成或一半，倒是台灣的乘客增加了。」這種說法和往返堺工廠的計程車司機一樣。

工廠附近的不動產職員也目睹了企業興衰。最盛期，因等著入住的夏普員工太多，正在蓋的公寓不夠用，只好削山埋谷地趕工營建。現在，原租金6萬日圓的單身公寓，現在只需3萬日圓。「一個禮拜以前吧，連40多歲單身員工也退租了。可能是自動退職吧，」不動產職員透露。現在，不動產職員從3個人減到1個人。「在5年內，受不景氣和雇用減少影響，這條街會更蕭條吧，」齋藤健一郎撰文預言。工廠縮編、員工離去、市街荒涼。事實上，在靜默中迅速進行重整的新老闆戴正吳所採取的對策也雷同。從日本維基網站得知，以保密等為由，目前夏普的13座工廠都暫時拒絕參觀，整頓態勢不言可喻。戴正吳曾透露，不僅工

廠需要整併，當他循序拜訪夏普各事業群後發現，還有降低成本的空間。為節省開銷，有必要活用現有資產。

例如，大阪的總部搬遷、組織的機能改變。位於港區東京分公司其組織單位的權限縮小，原12個樓層現只剩3層。以前和霞關的政府機關打交道等任務，現改由在大阪的社長室接手，其他業務分出轉給千葉市美濱區另一個分公司處理。

夏普的東京分公司之一是在港區芝浦一棟偉岸的商業大樓裡。7月初，筆者依約拜訪時，還維持12層。當搭乘上升的電梯時，曾聯想夏普1956年開始從地方拼戰到首都，一路走來，實屬不易。

踏入接待訪客的14樓，落地窗外，粼粼發光的運河迎面擴展開來，高架橋上，車輛和行人頻繁往返。幾名員工認真地在和訪客商討什麼似的，室內靜悄冷清。

夏普東京分公司室內冷清

芝浦一帶原是東京灣的淺灘，後成為重要的海運據點。如今，商業大樓、設施與倉庫簇擁，聽說夜景極美。

經營失策導致資產重編，受累的是員工。最近，收到在那家分公司上班的夏普人郵件，信裡寫道：「後天，我的辦公室要從23樓換到21樓，空間也變小了。」望著寥寥數字，想像寫信的夏普人的心境，感覺東京灣的暮色逐漸轉濃。

與其他日本企業氣氛熱絡的會客室相比，夏普港區的分社過於稀少的訪客，不免暴露經營混亂期間，夏普與合作夥伴的關係

疏離的事實。

夏普的「有價證券報告書」中，羅列了18項「經營風險」。其中包括與供應商、經銷商、客戶、流通業、量販店等關係之維持、資產與設備投資之處理等，都在其內。

對企業而言，供應商、經銷商、客戶、門市等，和債權人、股東一樣是利益相關者，更是必須善待的夥伴。但事實顯示，許多夏普的承包商無論是過去、現在和未來都面臨廢業的危機。根據帝國資料銀行調查，與2012年相比，夏普供應商的數目2015年是11175家，少了796家。

大阪府東大阪市是中小企業的基地。夏普一家零件供應商在當地有間辦公室。但最近門庭深鎖，四周不見人影。

根據日本媒體報導，這家廠商製造的液晶面板用透明電導膜，世界佔有率屬名列前茅。但因夏普液晶電視銷售不佳，訂單銳減，盛期時的200億日圓的營業額，到了2012年，掉到只剩1/10。在經營條件嚴苛下，供應商轉向夏普要求資金支援，數日後，夏普的聯絡來了，表示「支援有困難」，時值夏普的赤字達最高峰。深陷泥沼的夏普自身難保，只好選擇背叛。這家供應廠商最後因調度困難，宣布倒閉了。但夏普留下惡名，與利益相共的夥伴從此有了心結。

戴正吳上任後寫給員工第二封信的主題「重新爭取所有利益關係者的信賴」，是有感而發。基於重建工程繁雜巨大，戴正吳的社長辦公室現有200人在工作，全是日本人。負責處理的事項包羅萬象，企業結構改革、人事、IT、廣宣、採購、法務等，單僅法務就有66個人。鴻海接手後，立即揚言要從歐洲收回夏普品牌使用權，結果，剛和掌握美洲區的中國海信集團展開談判就踢到鐵板，海信不願放手。2016年10月29日，戴正吳接受台灣媒體訪問時坦承：「這5、6年來，夏普根本沒人管事，各自為政。為了進行重整和掌控財政，社長室的確需要這麼多人。夏普在勢弱時，簽了許多『馬關條約』。經銷商需要一個一個的去談判，供應商也要拜訪……。」萬事起頭難，戴桑的焦慮之情溢於言表。

由戴正吳領頭的社長室被日本經濟新聞隱喻為「首相官邸」，權力集中、陣仗龐大。一出手，就要200名學有專精者協助勵精圖治和收拾善後，鴻海改革的堅強意志雖表露無遺，但是，夏普的這個大婁子，究竟是怎麼捅出來的？

▶「大和」與「武藏」艦隊

提及夏普落敗的致命要因，日本觀察家和媒體幾乎異口同聲地聲討：夏普無視本身調度資金的能力，卻斥資擴建工廠（龜山第一、第二工廠+堺工廠合計投資約1兆5000億日圓）整備硬體，加上誤判趨勢，於採取集中液晶的事業策略後，過度看重研發，輕忽市場的資訊和需求，結果，先進但昂貴的產品不受青睞又遇上市場需求低落。學者中田行彥則以曾在夏普工作30多年的經驗分析，無論在投資的時機點、製造潮流和商業模式方面，夏普都沒趕上21世紀的經濟潮流，是潛在的失敗因素。經濟潮流意指：製造上的模組型VS整合型；商業模式上的國際分工VS垂直整合，而前者維新後者守舊。

相對於中田從經營策略分析，《為什麼A+巨人也會倒下》

（How the Mighty Fall——and why some companies never give in）一書作者柯林斯（Jim Collins）提出企業的衰敗徵兆，也不無參考價值。

柯林斯認為，企業的成功易解但失敗極難定論。因為在分析衰敗的過程時，無論如何反覆地組合概念和架構，總會找到反面的例證和不同的型態。簡言之，企業衰敗的途徑多過於卓越的途徑。但他又主張，如果努力地分析資料，仍可以推演出衰敗的五個階段：第一階段成功之後的自負傲慢；第二階段不知節制，不斷追求更多、更快、更大；第三階段輕忽風險、罔顧危險；第四階段病急亂投醫；第五階段放棄掙扎，變得無足輕重或走向敗亡。在夏普衰敗的過程後發現，柯林斯果真發矢中的。

說起來，夏普的傳統戰鬥策略原像拳擊賽的「打帶跑」（hit and away），身如輕蝶、扎如蜂刺，打了就跑，十分靈活。這種戰術讓夏普在1970年代電子計算機大戰中，迎戰「卡西歐計算機公司」毫無懼色，甚至逼退松下電器。1980年代，夏普於開發液晶計算機成功後轉戰液晶技術，後於1988年完成世界首台14吋TFT彩色液晶顯示器，被國際譽為重大的技術突破。而且，面板業績的規模到1993年達1800億日圓，較10年前成長20倍。2005年，夏普的液晶電視在自有電視機市佔率中佔90%，薄型電視機的世界銷售佔有率則是第二名，僅次於飛利浦。2009年，液晶面板世界佔有率排行第5，在液晶領域超越強勁對手索尼。此後液晶等於夏普的形象定著，對液晶生死與共的心情也油然而生。

成功之後的自負傲慢，導致夏普罔顧風險選擇營建大廠，正面迎敵。事實上，夏普前社長町田勝彥在著作《創意是唯一》

（オンリーワンは創意である）中透露，1997年，夏普的業績已開始遞減，1998年營業收益381億日圓，但營業利潤率僅2.2%。當年的夏季幹部年終獎金不僅取消，自有資金比例也逐年下降。

因此，營建大廠之舉被日本媒體抨擊為是通往不歸路的起頭。話說第二次世界大戰尾聲，日本海軍鑑於日俄戰爭（1904-1905年）的勝利體驗，如法炮製地採取「艦隊決戰主義」，亦即遭逢強敵不落跑，反以載巨砲的戰艦從正面一決雌雄。儘管當時局勢底定卻奢望起死回生。因此，堅持調整裝備、擬定戰略，還建造了擁有46公分主砲的戰艦「大和」和「武藏」。結果，凝聚了決戰思想結晶的大和與武藏，沒來得及發揮巨砲威力就被擊沉了。

原因是美國看透巨大戰艦無法靈巧移動，於是改用機動性高的戰鬥機和航空母艦作主力，並把力氣放在提高雷達性能、解讀暗號上，成功地抵擋了日本的艦隊。戰術不靈加上敗色已濃，日本艦隊的決戰策略終致飲敗。

夏普為壯大夢想，做了超出自己能力的投資，陷入柯林斯所云第一階段。接著，夏普步入不知節制的第二階段。

回顧液晶面板的歷史，日本的面板產業其實曾有過光輝的歲月。在1990年代，包括夏普在內各大型電機企業紛紛投下巨資，以大型電視面板為主，市場規模曾成長至10兆日圓，且生產比例高踞世界90%。但美景不長，2000年代之後，三星、LG等韓國勢力，以豐富的資金力和迅速的經營判斷力，爭相營建大規模工廠，並以高薪挖角日本技術員，之後產量和品質便一舉趕上日本。接著是台灣崛起。日本大型電機見勢先後撤退或重組，唯夏普仍堅持單打獨鬥。

若細數從頭，韓、台、日之所以競相投入液晶面板，實因1995年微軟推出Windows 95，電腦市場擴大，電腦用螢幕需求急遽看漲的背景所致。1996年，三星和LG集團正式踏入戰場，台灣的奇美電子和友達光電緊追在後。由於當時日本半導體業已確定敗北，為美國電腦進行組裝的勢力由台灣取得，台灣代工生產的模式也由此確立。夏普於1990年代開發液晶成功、1995年液晶面板獨佔日本市場，堪稱液晶面板王。後雖也轉進國際爭鋒，但與其他生產液晶面板的日本企業一樣，在低價競爭中失利，生產效率被台、韓超越。日本的生產能力從1997年80%降至2006年13%，之後雷曼金融爆發、國內發生311震災，更成為液晶面板事業失利之痛。

另外，1997年所發生改寫液晶面板競爭版圖的事，也值得一書。可作為夏普為何執意蓋大廠的背景說明。

那就是荷蘭的飛利浦把液晶面板事業賣給LG，讓LG如虎添翼，結合歐洲尖端面板技術及製造與銷售能力，於2002年營建液晶5世代工廠，顯得志在必得。

夏普2001年開始在國內銷售小型（10~20吋）彩色液晶電視，內銷走俏，信心大增，要就做大。但原第4世代三重工廠做的半帖尺寸母板（液晶面板從如大玻璃的母板切割而來。半帖榻榻米大的母板，只能做2塊30吋的面板）已不敷用來做比30吋更大的面板，因而大膽擬定「大榻榻米計畫」，決定2002年蓋龜山第一工廠生產第6世代面板37吋電視。後因海外市場的主流變成50英吋，日本國內對電視需求正值高峰，致使工廠愈蓋愈大。2004年，夏普再追加第二座8世代工廠生產50吋電視用面板。必須說明的是，由於液晶是重視設備投資的行業，面板尺寸愈大、產量愈多、良率愈高，設備投資的成本效益愈大，因此，只要投入就等於燒錢，莫大的資金力是要件。

也許是命運吧，夏普決定在三重縣蓋龜山工廠之前，其實相中堺市（現在的堺工廠所在地）那塊土地，但當時鑑於「工業（廠）等限制法」法令，堺市不准設廠（後於2002年廢止），而夏普的大榻榻米計畫又箭在弦上，於是放棄堺市選擇了龜山。這事不禁令人遐想，如果一開始就決定堺工廠，或可儉省資源。

競蓋大廠愈演愈烈，2005、2006兩年，三星先後啟動兩座第7世代工廠（現已關閉），接著，夏普無視資金調度能力，於2007年7月末，宣布斥資1兆日圓蓋10世代堺工廠（之後2008年營業和利潤首度出現虧損，同年9月雷曼兄弟破產），而三星的股東資本始終比夏普高（Box7）。2008年，三星凍結第8世代後的投資，宣告停戰。但兩家激戰到眼紅已一段時日，2009年，發生一段插曲，三星陰謀論甚囂塵上。根據中田行彥的說法，原因是當年夏普推出價格12萬日圓的32吋超薄液晶電視，未料日本大型連鎖通路商永旺集團也同時推出同型的無牌液晶電視，價格只要5萬日圓。這個低價策略重創夏普。後來知道電視由東京創投公司製造，老闆是韓國人，採用的是三星面板。2011年，三星雖規劃了11世代廠，但似乎看透大型液晶電視的需求有限，至今仍未實現，但因財力雄厚，2012年以後，投注在面板的金額仍達9兆日圓。相對的，2012年，託全球供應鏈興起之福，新興國家採國際分工的生產模式，得以降低成本以低價策略攻進歐美市場。另一方面，夏普的液晶電視利潤難以增加，營業赤字創高峰（3760億圓），後繼無力，接受鴻海投資堺工廠及展開鴻夏戀談判正是這一年。2015年年末，中國的京東方蹦出，宣布營建10.5世代廠。而這意味「有能力調度資金的企業，就有擴大規模的能耐，面板業的遊戲規則依然沒變，」是日本GF調查公司負責人泉田良輔的觀察。

在競造巨艦的過程中，夏普確實暴露了經營策略的缺失。如前所述，無視自身的資金調度能力，在1998年決定將需要雄厚資金的液晶當作公司主力事業，挾技術而自重，企圖以小搏大，決戰比自己資金力龐大、成本控制高明的三星（2005年，薄型電視機世界佔有率夏普第2名（13.1%），三星第3名（11.2%），2013年，三星第1名（22.2%），夏普第11名（3.6%））經營；第二，對國際市場的需求反應遲鈍，不及因應低價策略（夏普在國內，於2001年推出20吋、15英吋和13吋品牌「AQUOS」液晶電視，20吋需22萬日圓，號稱1吋1萬日圓），因而埋下經營危機。換言之，與夏普相比，三星的低價策略符合熊彼得（Joseph Alois Schumpeter）理論「能賣的商品才是好商品」。但是，夏普服膺「好商品就能賣」，陷入克里斯汀生（Clayton M. Christensen）所云「創新的兩難」之陷阱。克里斯汀在《創新的兩難》（The Innovator's Dilemma）中指出，企業的兩難在於，應將資源投入製造更有價值的好產品給現有顧客，抑或將資源轉去製造較不重要、但顧客願意以較低價格購買的產品？

孰者為重，極難取捨。至於成功的企業通常偏向全力照顧利潤高的投資，此即維持型創新。但這麼做也有風險。因為容易導致企業無法將精神集中在產品創新，以致當某種破壞性創新出現時，發現錯估了形勢。因那時破壞者（如三星的低價策略）已利用較便宜及易使用的產品，切入低階市場或開發出新客戶群，進而成功地取代。

因此，「成功企業應花80%的資源在維持型創新上，20%則放在破壞性創新，」克里斯汀認為，此舉可避免兩難的局面。

第三，夏普的失策還包括漠視全球供應鏈興起的趨勢。堅持愛國和自己主義，最終因製造至上、成本其次的後遺症。導致價格失利。日本的半導體和家電產業已為如此而失去領先的地位。

換言之，即使國際製造潮流改變，台、韓因模組化搶攻電子灘頭，夏普在製造流程上，仍沿用耗時價昂的整合型；不顧國際分工利多，執意採垂直整合商業模式及堅持在國內設廠，錯失開展事業的時機。第四，屋漏偏逢連夜雨，受國際環境（雷曼風暴）和日本自然災害（311震災）影響，導致液晶電視內外銷售不振。第五，對國際市場的面板需求反應不夠靈敏；第六，經營管理能力低落，影響公司發展。這一點，高橋興三在2015年6月的股東大會上也坦承不諱。

以企業經營是連續性的思維檢視，新一代夏普的經營者們，違逆了初代創業者早川德次的兩個重要提示。一是「開發一種產品後，趕快想下一個新產品」，一是「不一味追求規模的大小，應以誠意和獨有的技術，為提高全世界的文化和福利做出貢獻」。

根據《綜效社會論》（シナジー社会論）的作者館岡康雄研究，不刻意追求規模是日本長壽（200年以上歷史）企業的經營管理原則。不同於西方企業以數字為主，日本長壽企業的思考方式是，熱潮一定會過去。一旦退潮後，設備投資可以閒置，但裁員不宜隨意為之且不為。換句話說，對人和合作伙伴強烈的共生意識，成就了企業的延續。

儘管每個時代都有不同的時空環境及其所成就的人物特質，但不可否認的，日本100年以上企業確有其獨特的商業道德。以下是一則日本業界耳熟能詳的故事。1970年，大阪萬國博覽會要在大阪府吹田市千里舉行，早川電機（夏普舊名）原本準備投入15億日圓參加。但當時有兩派意見，一派是贊成派，主張藉此機會提高夏普的知名度；另一派反對，認為與其把錢花在半年後就撤除的博覽會，不如用來蓋半導體工廠，將夏普提升為綜合電子企業。早川後來採納後者的意見，決定把經費用來建造天理綜合研發中心，此舉奠定了夏普日後深厚的研發與生產關鍵元件的基礎。以地名表現當年深思熟慮社風的「從千里到天理」的美談，流傳至今。

早川的口頭禪是「要做人人競相模仿的商品」。職人性格特強的夏普，咬緊牙根致力開發液晶技術成功，這一點做到了。但是，早川的另一個叮嚀「做出一個新商品後，趕緊想下一個新商品，不能自滿」，但是，後繼的町田勝彥和片山幹雄都沒聽進去。在評估本身的擅長和優勢後，兩人都堅信「液晶之後，還是液晶」。而這個決定，後來被評為「稻草人單腳打法」，套克里斯汀的理論是過於關注有利可圖的事業，忽略了破壞性創新。

從另一個角度看，夏普執著液晶至上，有背後的精神創傷史。

公司和人一樣，都存在著因過去經驗而形塑的性格與心理狀態。2004年前後的夏普，就已受過往夢魘所驅，陷入將勝負心投射液晶的走火入魔狀態。1953年，夏普開發成功日本第一台黑白電視並開始量產。但是，用的關鍵元件真空管是高價向日立製作所買的。因為當時公司規模小，沒錢成立工廠製造真空管。當時，電視是家電王的時代，而夏普的品牌力尚未建立，因此，夏普的電視賣得比日立製作所、松下電器和索尼都便宜，這讓夏普感到不滿和自卑。

「那滋味不好受呀，日立賣我們貴的真空管，但我們的電視卻賣得比他們便宜，」町田經常提起這件事。後來，夏普在1969年開始研發液晶技術，1973年推出世界首台液晶顯示電子計算機，同年延續至液晶電視，之後對液晶技術的研發沒再中斷。2000年代，液晶終於取代真空管，成為新世代數位電視的關鍵元件。結果，連真空管時代的冠軍索尼都跑來向夏普買液晶面板，還在2009年7月對堺工廠出資100億日圓（後於2012年5月退股）。

步入液晶時代後，夏普揚眉吐氣，認定液晶是區隔對手的差異化技術，從此咬住液晶再也不放。另一方面，掌握液晶技術等於掌握主導權，可以不讓前來購買面板的電腦商予取予求。

從自卑到自負，是排行第2名的宿命，但也成了奮鬥的動機。「從沒拿過第1名的夏普，不輕言放棄，拼命想往上爬，這條路行不通，就換另一條，」老夏普人矢野耕三示出理解。

只不過，自卑變自負的心理是兩面刃，既建設也破壞。從結果論看，夏普的確輸在只重「維持型創新」的經營策略及其衍生的自己主義。日本企業顧問松田久一說過：「策略對，成功一半；策略錯，公司再大店再老，成績再風光，也會倒。」

夏普業績出現虧損從2008年開始，隨後2011、2012、2014和2015年也有破綻。在此前後雖有內外在因素攪局，但片山幹雄上任後，無視自有資金不足，仍執意蓋堺工廠，把當時90歲仍健在的佐伯旭忠言「希望對液晶的投資到龜山為止」當耳邊風。

事後檢討，2005年那年，可說是夏普命運的分歧點。當時，夏普的元件部門中有兩大支柱：半導體和液晶事業。半導體的事業規模排名世界第20名，液晶的規模小且是赤字。但在評估日本半導體日益不振，自家液晶技術又走在世界前端且國內市佔率高（1995年，三重工廠開始生產的液晶面板獨佔日本市場）之後，1998年上任的町田勝彥就任社長當天，意興風發地對外宣布，在經過選擇後決定集中發展液晶事業。「2005年以前，要把國內的真空管電視，全換成液晶電視！」

當時，正值國際面板的競爭規則發生變化，巨額的全球化設備投資是致勝關鍵，而且匯率變動左右製造業競爭力極大。但是，夏普未作風險評估，又輕忽國際市場對產能的需求，終於步向柯林斯所言輕忽風險、罔顧危險的第三個衰敗階段。

液晶生產線從決定投資到正式開工至少需1年半時間。而且，從市場的角度來看，即使新的液晶生產線準備妥當且生產能力擴大，但生產量未必就能立刻增加。因為必須考慮當時的市場需求如何，還有，和其他家相比，液晶面板的尺寸如何，以及是否具備價格競爭力等。也因此，在生產線開動前，必須先預測1年半以致數年後的市場狀況。換言之，在沒有收益前，先不做投資，待判斷景氣確實會上升後，再果決地伺機投資。另一方面，如果英雄所見略同，那麼同一時期的供給也會急遽增加。可以說是樁不易研判的生意。

日本的面板生產比率降低是在1998年到2003年之間。主因是投資策略的考量。1999年因面板景氣佳，翌年，獲益的日本企業較往年多投資了3倍，可是，當生產線2001年開工時，面板的需求卻已降低。因此，2001年後，投資額只好維持不動，沒人敢做大型投資，採取的投資策略可謂偏向消極。

相對的，韓國因自有資金高，台灣則勇於調度資金，皆屬於積極投資型，因而得以掌握趨勢，產能逐漸提升，最後終於超越日本。為了做到這一點，「韓國和台灣時時刻刻都在掌握資訊，以便隨時因應，」中田行彥指出。這是他在論文「為何日本的液晶顯示器會被韓台追過」中的分析。

從中可理解，液晶面板事業的風險隨需求升降至巨。因此，在對的時機果決地投資，以及雄厚的資金至為重要。

比起其他的日本企業，夏普雖顯得進取，可惜老天爺不願幫忙。夏普於2008年經營首度出現破綻，實與美國次貸（2007年）及雷曼兄弟破產（2008年）所引發的全球金融混亂有關。雪上加霜的是2010年國內電視市場停滯，面板供需下滑，翌年東日本大地震發生，電視需求如滾雪球般下墜，導致庫存積壓、零件供應陷入混亂，大型如龜山第一工廠被迫停產。在此同時，夏普的手機（2005年銷量曾居全國第一）和另一個強項太陽能電池的銷售量（2000-2006年生產量曾達世界首位）也大幅降低，2011年再度出現虧損。

另一方面，大型面板的全球供需從2007年後，就開始不穩（主要受網路崛起影響），而匯率的變動又大，這些不可控因素都為夏普的豪賭增添陰影。舉最近的例子，鴻海投資堺工廠後，雖於2013年後連續三年轉虧為盈，但2016會計年度首季（6月底為止）後出現虧損，主要是受日圓升值及供需影響。2016年12月2日發出的消息說鴻海擬再增資，急欲增加研發和擴充設備。

夏普宣布要蓋堺工廠的2007年，正是美國谷歌集團宣布將開發智慧手機軟體 Android 之際。當時，蘋果的 iPhone 人氣大好，Android 的出現，更擴展智慧手機的市場，加上稍早的2006年秋天，社群網站臉書露面，意味人們的生活模式即將被改變。換言之，人們從「在起居室看電視」轉為「用智慧手機交流」。消費習慣的變化，導致「起居室之王」電視的地位被取代。此後，電視價格1年平均降3成，40吋的液晶電視掉至僅需3萬日圓，從「1吋1萬日圓」掉至「1吋1千日圓」。

電視機的更新週期太長也是問題。電視不若手機約2至3年就能更換，價格和利潤與手機相比都偏低。據聞蘋果原在2014年有意生產蘋果牌電視，掌門人庫克評估後決定放棄，主因即利潤薄，產品升級週期長。智慧手機的利潤高，索尼手機1支平均可賺26美元，三星23美元，以電視為主力的夏普無法望其項背。液晶花錢又供需難測，此所以泉田良輔說「夏普選了一條難走的路」之故。

夏普先在大型面板戰役中不敵三星，中小型面版又於2015年輸給中國，最後還被兄弟 JDI 爭食鯨吞，佔公司營業額1/3的面板事業觸礁，終在2014年和2015年（赤字2223億日圓）陷入不可挽回的泥沼。

利用中小面板製作螢幕的夏普手機從1994年開始銷售，起步雖晚，但2005年到2010年的出廠數量是日本第一。而且，2003年和2008年因外觀設計及傑出工藝，以「翻蓋、旋屏、高顏質」優點，在中國大陸被視為高端手機。2010年前後，全球因智慧型手機和平板爆紅，尤其中國的智慧型手機市場成長至佔全球35%，當時夏普也與小米合作密切，逮到不錯的機會。2014年，夏普更以大膽的設計概念推出無邊框手機「AQUOS CRYSTAL」，讓全球手機迷驚艷。然而，夏普的手機設計雖前衛、作工也精細，卻遭遇市場環境險惡。先是手機「觸控式面板」的供應鏈台灣勝華科技倒閉，夏普受此牽連不說，JDI繼而趁虛而入，大膽對觸控式面板降價，吸引中國手機商一面倒。夏普反應太慢，敗在價格競爭，手機的江山就這樣拱手讓給了自家兄弟。

「夏普對市場的反應遲鈍，供應鏈中斷後仍不知積極應對，結果又吃了敗仗，」原夏普人中田行彥感嘆不已。

▶自己主義的幸與不幸

表面上，夏普的顛躓起因是經營策略一連失誤，但本質上，攸關堅持製造至上與愛國主義事大。製造至上養成凡事自己來的「自己主義」習慣，而愛國主義則固守在日本生產及防範技術外流的心態，都帶來成本效益不彰的後果。

只不過，自己主義不止夏普獨有且好壞各半。日本曾因自己主義而發展出許多屬於自己規格的自主性技術，一時引領風騷。最具代表性的是1980年代前後，曾主宰全球的日本家電和半導體。但最後仍不敵全球供應鏈崛起的考驗，終於被韓國、台灣和中國等趕上，在2000年代優勢盡失。

基於這種環境背景，町田勝彥發布不做第一做唯一的「only

one」經營宣言。為了做到唯一，原腳踏兩條船（半導體和液晶）的策略改為只踏一條船。與此同時，將成為「水晶公司」當作夏普的願景，取液晶透明的液態有如水晶，公司經營也邁向公開透明之意。

在此之前，夏普的主力是半導體。1998年半導體的營業收益有32億日圓，投資額343億日圓，佔事業全體43%。相對的，液晶的投資額佔24%，規模小且有113億日圓的營業損失。但因內外環境嚴峻，基於資源有限，夏普必須做出選擇。環境嚴峻意指亞洲通貨危機帶來幣值暴跌，韓國和台灣半導體出口變強，另一方面，日本經濟逢泡沫低潮，金融業陷入混亂。先是山一證券破產，日本債券信用銀行和日本長崎信用銀行繼而被併為國有，消費低落、企業不願做設備投資。「夏普不能腳踏兩條船。液晶規模小但技術頂尖，佔有率也高。以後除了電視，也能應用在其他領域。透過液晶電視，不僅可以掌握電視事業的主導權，夏普的品牌力也能提升，」町田打如意算盤的動機，在《創意是唯一》中可見。

產業的消長瞬息萬變。關於日本的半導體為何沒落，京都大學講師湯之上隆在著作《失去的製造業：日本製造業的敗北》（日本型モノつくりの敗北：零戰・半導體・電視）有詳盡的分析。湯之上所指摘的四點敗北要因，或對液晶產業也能適用。例如，對10年一輪的新技術浪潮及市場缺乏敏感度；對缺乏市場性的技術投入過多的成本；忽視產品的標準化和通用化，以及透過模仿後衍生新創造力之不足。湯之上出身技術員，其微視觀點與前述中田行彥的戰術論不謀而合。中田行彥另補充兩點：日圓升值導致競爭力下滑、受日美半導體協議所限。

與其他製造業一樣，夏普也因拘泥自己主義，綁手縛足，決策慢半拍。

大久保是研究夏普經營特色的專家

「夏普全球化事業沒做成功，舉旗太慢也是要因，」了解夏普經營特色第一人——大久保隆弘指出。大久保是《夏普之「儲蓄型」經營》（シャープのストック型經營）一書作者，目前在茨城基督教大學經營學系任教，為寫這本書，花4年時間進出夏普，至今仍持續關注。

和自己主義一樣，舉旗慢也非夏普獨有，這攸關日本的「根回文化」。

日本獨自的「根回」（ねまわし）文化（直到建立共識為止持續斡旋）植根在每一個組織內的上班族心中。在日本，開會的重點不在相互討論或提供意見，而是告訴與會者決定是什麼。因為在開會前，相關部門和人員已排除萬難覓著共識，根回過了。「根回」源自園藝用語，為了在移植樹木時不傷及根莖，事前先做好準備的一種過程。同理，反對意見、拒絕協助、執行力欠缺等這些傷害，都要在事前極力地迴避，這是日本組織嚴守的根回。因此，為了讓集體達成合意，需要時間。

在自己主義與根回文化的因循下，夏普和許多日本企業一樣堅持生產方式沿用「整合型」（Comparing and Adjusting）。而這與韓台擅長的「模組型」（Module）是對立的，且效率和收益皆不敵。2003年，韓台在製造液晶顯示器上採模組化，市佔率各佔40%，超越日本的15%。

中田行彥曾提示，模組的定義是「構造上，由各獨立的元件所組合的系統」，並根據「設計規則」分割成一個一個細項。舉桌上型電腦為例，模組意指液晶顯示器、鍵盤、硬碟、DVD硬碟、主機板等硬體，加上作業系統等軟體，只要模組準備齊全，組裝後就成了一台電腦，既省力又快速，半導體的商業結構即模組型。

但是，包括夏普在內，許多日本製造業多依賴整合方式。除了備齊元件以外，還注重人的交流。基本上以團體為核心，目的是提升生產技能。做法是同事及同業間透過交流，分享製造或設計的經驗、訣竅和知識，相互提升生產技能。特點是需投入大量時間、精力而且需要團結。而這曾是日本製造業的強項。

東京大學製造研究所所長藤本隆宏是首次提出整合概念的人。時至今日，他對日本式整合仍有信心（Box8），認為某些產業仍然適用。例如，汽車業和 IoT 產業。其他像液晶顯示器、半導體的影像感測裝置、化學機械研磨（Chemical-Mechanical Polishing）、洗淨・乾燥裝置、鏡頭的光學系統，以及攝影效果、防手震軟體等都是。

液晶面板的商業結構就屬於整合型。其與材料、零件、裝置等廠商，以及研究、開發、生產等各領域的依存關係極強。但這並不表示就不宜在國外生產。2016年12月底，鴻海宣布將與夏普合作，已正積極籌備在廣州興建大型LCD面板工廠。

舉例而言，夏普的龜山工廠就是整合型工廠，甚至考慮到印度設廠。工廠附近進駐許多元件（材料、藥液和氣體等）廠商。廠商就近和夏普的生產技術員溝通，供貨方便，也能培養默契。最盛期聽說有70%廠商進駐，且大部份來自外地。設計技術員也在附近集結，一旦有新產品需要思考，設計師帶著設計圖隨時可進生產線商討，良好品質的液晶面板因而得以維持。

然而，品質良好雖是好事，但就從企業收益來看，當面臨無晶圓廠也能透過代工服務集中模組，而韓、台、中爭相加入生產行列，且以大量生產廉價產品為目標的時代，耗時費力的日本式整合，在提升全球的利益上明顯的處於劣勢。只不過，像擁戴保護主義的町田社長般，這類領導人念茲在茲的則是技術有別。他們認為，液晶這種尖端技術不若音頻產品，海外並沒有足夠的技術嫻熟者，而且零件也難以自行調度，因而研判液晶製造不宜在海外進行，固步自封。

但是，事實上，全球產業結構變化已帶來全球供應鏈興起。像鴻海這種代工大廠相繼抬頭，使得夏普所擅長的一條龍（垂直整合）商業模式不符成本。儘管夏普擁有自己的經營特色，例如「緊急項目」（緊プロ。一種有彈性的跨部整合制度。針對緊急課題，各事業部及研究所等各推出人才，緊急進行研發生產，由社長直接指揮）的設立，助其維持獨創力且成功地研發出許多領先同業的商品，維持了差異化。但另一方面，如同每一家日本製造商所面臨的日圓升值、電力不足、高薪資、高法人稅等問題，夏普一樣的被逼得喘不過氣來。

夏普保護主義之極致是著名的「黑盒子」策略。兩座龜山工廠在同一個腹地，從製造大型液晶面板到電視成品一手包辦。在此之前，企業的工廠都將生產和組裝分開。但是，在龜山工廠，夏普將自己製造的關鍵元件直接組裝成電視。如此一來，面板既無須搬運，生產技術也不致外流。而且，不使用設備製造商交付的設備裝置，而是獨自進行改良或植入數據，以保護機密訊息。各種防範措施猶如不外洩的秘傳醬汁般，不讓外人獲悉。這是夏普的新嘗試，在此之前，他們也是生產和組裝分開。例如，1999年，在三重多氣町工廠製造的液晶面板運到栃木工廠組裝電視，路程就有500多公里，費事又耗時。

「所謂秘傳醬汁，指的就是製造產品的『食譜』。產品需要工廠的製造設備，而工廠是凝聚構想的硬體。無論是製造設備的動作、道具的使用方法、材料的處理方式等，都需要生產現場獨自的Know how。這些條件協調了以後，生產效率和品質才能維持良好的平衡，良率高的成品才可能製造出來。」町田勝彥在《創意是唯一》中如此記述，足見他對技術留根的執著。

2008年雷曼風暴之後，日本電機企業逐漸傾向「國際分工」，將力氣集中在核心零件的開發和商品企劃，零件的調度和裝配則委外，加快「水平分工」的速度。一家大型電機的幹部表示：「當時，一心一意就想趕快瘦身。能委外做的盡量委外。」夏普卻反其道而行。堅持液晶工廠根留日本，且商業模式維持垂直整合，建造堺工廠的腳步未曾停歇。歐美公司像奇異、飛利浦等都不執著在本國製造，只要能省錢，哪裡都肯去。為提高收益，歐美企業經常檢視並替換公司的事業組合，機動地發揮斷捨離的智慧。2013年，三星的業績曾出現赤字，因而採取無廠模式，只負責銷售和修理，液晶面板則購自鴻海投資的堺工廠，然後將成長市場瞄準中國，戰術靈活有彈性。

夏普的國際化其實也開始得很早。1992至1997年，以中國為始，早在世界各國構築生產地點，海外生產比例曾自1985年的10%，提高至1998年的40%。但是，町田上台後，眼看日本製造業外移造成「產業空洞化」，讓他的危機感升高。愛國情操加上「先進的製造只能在國內實現」的信念，儘管後進國以各種優越的條件向其招手，他仍決定根留日本，不動如山。

以世俗的眼光來看，無論領導人的心志如何，終究成者為王敗者為寇。夏普的領導者事後被檢討勢所難免。

在企業經營的使命當中，「當責」（accountability）被認為是最重要的。誠如管理學專家許士軍所強調，在變化多端的環境下，企業的規劃要有前瞻性和開創性。不僅要交出成果，注重員工的培訓，讓客戶（利益相關者）滿意，實現企業的價值觀等，都是當責。

但是，夏普領導者在大難來臨時各分飛，2008年經營出現赤字後，夏普的管理階層互相推卸責任，在公司治理和經營管理方面都沒到位。2008年到2013年，夏普一連換了三個社長。匆忙中雖引進執行管理制度，讓外部審核財務，也任命外部董事擔任監察委員，試圖在公司治理上建立更明確的責任制，但管理階層已鬧成一團。對內結黨分派系，對外焦急募資，找來勁敵三星投資，讓 INCJ 與鴻海對決，步向病急亂投醫的第四個衰敗階段。

戴正吳上任後曾透露，夏普後期雖採取「分社化」，分成五家公司，「但都沒人管事」。中國學者喬晉建則以「九龍治水」著眼日本公司的結構性問題。他說，夏普的董事會除了本身的利益，還必須考慮銀行、基金、企業股東（像高通和以前的三星、索尼等）及地方政府等的利益，結果變成沒人對企業本身真正地負起責任。

液晶政策決策者町田勝彥與第3任社長辻晴雄卸任後繼續留在公司，並干預新人主政，如多頭馬車的領導，讓員工難以適從。鴻夏戀談判期間，社長片山幹雄和董事長町田意見相左，互扯後腿。片山是町田山引進公司的，但堺工廠業績沒做好兩人互相不爽。片山有意和鴻海在台灣合作製造液晶面板，町田極力反對，後又出頭向郭董求援出資；片山自負是液晶專家，對營運評估不力，導致堺工廠巨額虧損。後來，町田暗示片山應下台表示負責，片山也不甘示弱，要町田交出董座職位作為交換條件。第6代的奧田隆司和第7代高橋興三都出身技術系，不諳經營又固執己見。2012年接棒的奧田無視幹部提出的重整計劃，且在鴻夏戀談判期間堅決反對鴻海降股價，延誤談判時間；高橋出身影印機部門，對主力液晶事業不熟又心向INCJ，談判期間進退失據，落人口實。町田干政、片山官僚、奧田強出頭、高橋無能，經營者各有盲點。最終束手無策，任憑被併購。

巨人摔跤，而領導者未盡當責之責是理虧。但是，如果從經營是持續性的觀點來看，直到創業第96年（2008年開始虧損）初次跌跤為止，夏普（1912年成立）也自主了近100年。

一件事情成功了，人們習慣說是託天時、地利與人和之福；不成功，通常是三缺一或二。綜合上述客觀的觀察，說得直白些，技術有，錢沒有；技術好，經營不好。但這一點，似乎也非夏普獨有。聯電集團日本社長張仁治了解日本的企業文化，他說過：「日本企業有很多好技術，卻不太會做生意。」

西方哲人說過，從人己不同的立場出發，當思考沒有任何優點和缺點能獲得一致認可之時，只好仰賴寬容。

畢竟企業不同於人，沒有壽命的限制，可永續經營，也可一夕消失。企業顧問松田久一就說過，沒有不會倒的企業，132年的美國卓越企業柯達照倒不誤，類似事例不勝枚舉。

日本的企業動輒被批評缺乏果斷力。但是，《異文化理解力》一書的作者Erin Meyer則透過決策的型態做了新詮釋。她從組織行動學分析各國的決策型態，分成「合意志向」和「上達下意」。結果，和相近的瑞典、荷蘭、德國、英國相比，日本的合意志向果然最高。「相對的，由於全員方向一致，所以做了決定，執行起來就敏捷快速了。可以說，這是另一種果斷。」

東大教授藤本隆宏以巨視的觀點預測：「全球化的定義一直在進化中，沒有絕對的輸家和贏家。匯率是影響產業競爭的重要因素。為了維持貿易的平衡，不利競爭的產業就退位，再思考下一個產業。」

呼應藤本教授想法的是產業分析師程天縱。他研判，以日本紮實的工業基礎來看，產品 4.0（動能＋智能＋移動）時代來臨，會是日本再起之時。「因為日本仍擁有產品 2.0 時代的關鍵材料和技術。」他列舉日本的傳動、驅動、移動控制、軸承、鉸鍊、無刷動機、齒輪箱等都很精良，而其所牽涉的材料、製作工藝、操作軟體、算法、模型等專業技術，都需要時間累積和沉澱。換言之，需要持續性的技術、組合多元要素的技術，以及講究製造工程的技術等產業，仍是日本的擅長。程天縱曾任職中國惠普總裁，在2007年擔任鴻海副總裁達5年。

工研院的杜紫宸則以工藝的角度切入。他舉處理玻璃表面為例指出，為何日本人能處理得光滑平整，而設備一樣的台灣只能做到95%？因為「事關經驗、知識與態度」。

終歸結柢，技術的夏普會不會再起？學者喬晉建認為，管理學不是一門嚴格的學問，到底怎樣的管理才恰當，很難說。他舉日本山得利啤酒公司的例子：「比夏普更荒唐！連續45年虧本，後來打了個勝仗，到現在都還是日本教科書津津樂道的案例。」

夏普專家大久保隆弘也有獨到的觀察。他認為，相對於Flow型企業，夏普屬於Stock型企業。Flow型像蚱蜢，Stock型則是螞蟻。螞蟻的特質是拼命努力地工作，會為冬天儲存食物；蚱蜢則自由奔放，只顧在夏天嬉戲，結果冬天可能沒得吃。意謂夏普的特長在於持續力。

帳面上龐大的赤字是有形的。另一方面，百年夏普也儲蓄了許多帳面上看不出來的資產和企業文化。在業界，夏普因許多產品和技術曾獲世界和日本第一，跑在同業前面，得了個「急驚風」電機公司的綽號。長久累積的品牌力是無形的財產，設計力、智慧財產、專利也不在帳面上。獨創的「緊急項目」和承傳至今的「誠意與創意」企業文化等也是。

郭董曾公開讚嘆：「夏普因為注重研發和技術，所以能夠奠基100的歷史，像座寶山。」戴正吳也不斷提醒夏普人回歸初心、皈依創意「Be Original」。

因此，夏普有哪些Original？哪些不為人知的資產？這些資產是怎麼形成與如何活用？會是助其破繭重生的核心能力嗎？是下一章的主題。

東證一部與二部的差異　【Box1】

東證一部指數以大型公司為主而廣為所知，但與二部的差異到底在哪裡？主要以「上市標準（審查標準）」區分。簡言之，東證一部是日本的大型類股，東證二部則屬日本的中小型類股。

在東證上市時，股東數和流通股票數、市值總額、資產淨值、利益及設立年限等都有一定的標準。標準的要求很高，因此僅部分公司能在東證一部上市。

想在東證上市的企業，必須先通過東證二部的申請，接受證交所審查。審查合格後，才能在東證二部上市。之後還需通過更高標準的考驗，才能在東證一部上市。（以下是東證一／二部的上市標準）

	東證一部	東證二部
股東人數	2200人以上	800人以上
流通股票等	2200人以上	800人以上
	a. 流通股票數2萬股以上	a. 流通股票數4000股以上
	b. 股票總額20億日圓以上	b. 股票總額10億日圓以上
	c. 流通股票數（比率）	c.流通股票數（比率）
	上市股票等35%以上	c.流通股票數（比率）
市值總額	40億日圓以上	20億日圓以上
資產淨值	單體資產淨值未虧損	單體資產淨值未虧損

也有企業一上市就直接申請在東證一部上市。但是，標準會比先申請二部再更嚴格，因此大部分企業都先申請二部。

東證一部上市的好處

上市需審查費，每年亦須支付東證一部相當高的費用，因而有部分在二部的企業，雖符合在一部上市的標準，卻未進行申請。但是，在東證一部上市仍有許多好處。首先，集資速度可加快，調度資金更容易，企業體質得以盡速改善。再者，企業知名度大增。報紙財經欄也會公開公司股價，提升企業地位。

一般大眾分不清差別，但一般來說，對一部的印象通常較好。

知名度升高有利於提升大眾的信任感，也能留住優秀員工。這是非常重要的一點。

參考日本網路（沈采蓁·陳淑惠整理）

2016年《哈佛商業評論》世界百強CEO 第42名永井重信率領日本電產的經營指針 【Box2】

1. 絕對不許有赤字，所有企劃案務必達成
   (1) 各部門一定要保持盈餘
   (2) 各據點的銷售額要佔營收10%以上
   (3) 要留現金。現金，是企業的命脈
   (4) 經營模式是固定費30%、變動費70%
   （即使銷售額下降40%，公司財務也不致成為赤字）
   (5) 每週召開風險會議（工廠則每天），降低風險發生的可能
   (6) 經營改善是全體員工的義務（100人的一步強過一個人的100步）

2. 建立強有力的團隊（激勵員工）
   (1) 不斷地分享經營意識
   (2) 超高執行率
   (3) 公司內良性競爭
   (4) 創造上下一心的企業氛圍
   (5) 提高效率
   (6) 決定的事，務必限期完成（規定・規則・交貨等）
   (7) 今日事今日畢
   (8) 出勤率98%以上
   (9) 培養自我反省的能力

3. 競爭力第一的生產體制
   (1) 導入大型設備的前提是連續24小時、運作30日（每天維修保養）
   (2) 每年提高生產效益20%
   (3) 本地採購及內製化目標（合計80%）
   (4) 每季降低成本平均3%（務必較前一季低）
   (5) 速度左右成本（也能降低風險）
   (6) 推動多能功化及精簡部門人員
   (7) 專門設備的攤銷至多以兩年為準（短期投資則一年攤銷）
   (8) 為降低作業之不良，徹底執行現場・現物・源流管理主義
   （徹底執行品質的源流管理）

4. 嚴格遵守「三大精神」

(1) 熱情、熱忱、執著

(2) 任勞任怨

(3) 馬上做；一定做；直到學會為止，一直做

5. 徹底管理「經營五大項目」

(1) 品質：不良率低於1%

(2) 平均材料費：在最終售價的50%以下（目標為40%以下）

(3) 庫存：1個月（最多為0.7）以下

(4) 經費：每1億日圓的銷售額，經費低於500萬圓以下

(5) 生產效益：以每一名從業員每月100萬日圓，海外員工20萬日圓為目標

+1.應收帳款：提早收款時間（三個月以內）、延遲付款時間

+2.閒置資產：徹底活化或盡量出售

6. 薪水採能力主義制度

(1) 經歷、年齡、學歷不重要

(2) 培育、提拔有經營能力的人材

(3) 開除有問題的員工（找藉口、抱怨、推卸責任等）

(4) 績效不好的員工重新教育（營造怠惰者會遭開除的工作風氣）

7. 日本電產集團的5個基本件

(1) 務必遵守日本電產的憲法：3Q6S。3Q是好員工（Quality Worker）、好公司（Quality Company）、好產品（Quality Products）。6S是作法（Sahou）、整理（Seiri）、整頓（Seiton）、清掃（Seisou）、清潔（Seiketsu）、教養（Shitsuke）。如果無法遵守，就不是電產員工。

(2) 赤字是罪惡（至少要獲利10%）

(3) 馬上做；一定做；直到學會為止，一直做（速度與執著）

(4) 成為挑戰與奮鬥的集團（贏過競爭對手才是專業的集團）

(5) 執著市佔率第一（謝絕非第一）

參考日產本電網頁及日經 BP 社出版《永續成長企業的精確經營學》（永続成長企業のリアル経営学）。

（沈采蓁綜合整理）

夏普2012~2017年營業額與營業收益・損失　【Box3】

（以3月期為準，2017年是預測）

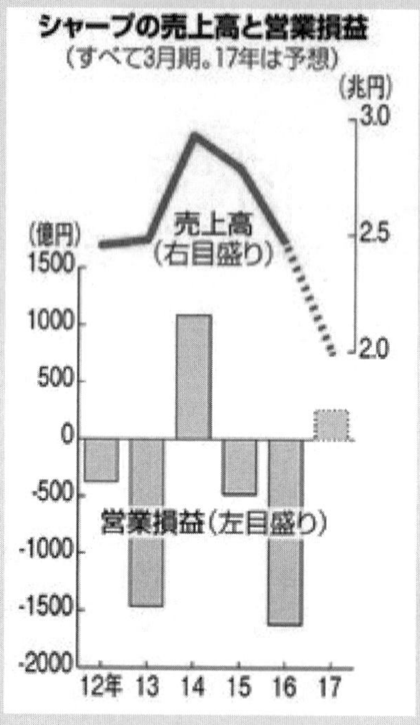

売上高＝營業額

營業損益＝營業收益（or損失）

兆円＝兆日圓

億円＝億日圓

右目盛り＝右側刻度

左目盛り＝左側刻度

參考日本媒體

夏普世界・日本第一的商品及重要國際獎　【Box4】

西曆	商品
1915年	早川式活芯自動鉛筆（世界）
1925年	國產小型礦石收音機（日本）
1929年	交流式真空管收音機（日本）
1953年	首台黑白電視機（TV3-14T）（日本）
1962年	商用微波爐（R-10）（日本）
1964年	首台全晶體台式電子計算機（CS-10A）
1966年	轉盤式家用微波爐（R-600）（日本）、成功開發採用 IC 的電子計算機（世界）
1973年	開發利用COS（顯示部、驅動部，關鍵接點全收納在一個基板上，Calculator On Substratum）化袖珍液晶顯示計算機（EL-805）（世界）
1979年	開發銷售薄1.6公分「超薄型卡片電子計算機」（世界）
1983年	成功量產發光薄膜EL（Electroluminescence）顯示器（日本）
1988年	14吋TFT（薄膜電晶體，Thin-Film Transistor）彩色液晶顯示器（日本）
1991年	開發銷售8.6型夢之壁掛電視（世界）
1992年	內藏4型彩色液晶顯示器錄影機「液晶 ViewCam」（世界）
1994年	首台反射型TFT彩色液晶顯示器（世界）
1998年	首創開發量產CSP（晶片級封裝，Chip Scale Package）封裝（世界）、開發淨離子群空氣淨化技術（世界）
2000年	太陽能電池生產世界首位，2006年止連續7年世界第一（世界）
2001年	液晶彩色電視「AQUOS 系列」（世界）

2003年	3D液晶搭載電腦（世界）
2005年	台式電子計算機獲IEEE里程碑認定（世界）
2010年	太陽能電池獲IEEE里程碑認定（世界）
2014年	14吋TFT彩色液晶顯示器獲IEEE里程碑認定（世界）

參考《夏普百年史》《夏普的儲蓄型經營》（黃丹青整理）

鴻海要注重研發，才能打造成世界級企業　【Box5】

專訪 IGZO 之父細野秀雄

材料科學家細野秀雄是IGZO發明者、鐵基超導體發現者，聲名享譽國際。曾於2005年拜訪台灣，也赴鴻海演講，對鴻海及郭台銘印象深刻。在這次訪問中，他也針對鴻海提出建言。 其個人的簡歷是，所率領的團隊於1990年代發現IGZO後，又於2006年發現鐵基超導體。2008年，鐵基超導體被《科學期刊》評為「世界十大科技進展」。獲獎無數：紫綬褒章、應用物理學會成就獎、仁科紀念獎、日本化學會獎、日本國際獎、Otto Schott Research Award 等。

和郭台銘結識的經緯是這樣的，台灣的吳茂昆邀請我到台灣參加研討會，針對氧化物半導體發表演說。後來，吳茂昆帶我赴鴻海集團參觀。我被邀請在鴻海的技術會議上，發表與氧化物半導體相關的演說。

令人驚訝的是，鴻海整個公司看來不算大，而Terry郭也表現得很謙虛。但是，第一次見面，他的第一句話，讓我覺得很訝異，「你為什麼提供專利給三星？」他說話的方式凝練而直接。事實上，我喜歡這種說話的方式。

他像個商業機器人，這句話是讚美喔。他要求我把手上所有的專利都賣給他，但是，我拒絕了。因為我認為，只想取得專利是不夠的。對錢，我不感興趣，我只對科學感興趣。

談話持續了約20多分鐘，離開時，他送了一個包裹，當時以為是伴手禮，回家後打開才知是一台 iPad。

和 Terry 郭對談時，我問他：「你們公司有多少員工？」他回說有50萬人（註：台灣員工人數）。又讓我更驚訝了，因為那棟大樓看來就像是只有幾百個員工而已。我曾聽說鴻海是三星的對手，雖然不清楚詳細的原因，但知道兩家公司是競爭對手。

三星曾要求我針對OLED顯示器改進，但我拒絕了。因為專業技術知識和專利不同。我在大學裡工作，大學對生產技術不感興趣。不過，Terry 郭對生產技術感興趣，希望他這種精神對夏普提升生產技術有幫助。只不過，提高生產技術相當耗時，需要花很多時間。我建議 Terry 郭應該投資研發，賺了錢，把錢投資到研究開發。沒有研究，企業的價值絕不可能提升。

三星總裁李健熙的決心

三星就有許多自己的新技術，其中一個是Galaxy（註：三星智慧型手機系列之一），三星目前能大量生產明日之星OLED，第二名是LG。日本企業就無法做到大量生產，但這並非日本的工業進步慢，而是企業領導者無法做出重大的決定。

有件事可表現三星的經營效率和多麼重視研發。當時的三星董事長李健熙，像Terry郭一樣有名。我曾被邀請到三星參訪，看到一棟很簡陋的倉儲建築，三星就在那裡成立了半導體工廠。

原來，李健熙想加入半導體行業，但他父親（李秉喆）不同意，理由是不可能和日本公司競爭。他不服，用自己的錢開展半導體事業。由於資金不多，所以工廠兩光，從天空鳥瞰雖像半導體工廠，但裡面其實是空的。

後來，李健熙向世界銀行借錢，銀行請日本野村證券協助確認。銀行調查員搭飛機到首爾，從空中朝下拍了一張鳥瞰圖。結果，三星獲得資金補助，還把半導體生意做大，儘管沒人知道致勝因素。在這件事上，李健熙贏在決心。

儘管三星的技術與日本相比並不出色，但他們投資很多錢從事研究，還從國外找了許多優秀人才協助。

三星與蘋果也是競爭者。由於鴻海是蘋果的主要代工，所以就聯合中國最大的科技公司華為，聯手對抗三星。另外，鴻海也能和中國的手機公司協同生產更便宜的手機，像OPPO、小米、華為等，藉以阻擋三星攻中國市場。

毫無疑問的， Terry郭與中國大陸關係密切，也擅長降低成本，是優勢。但是，隨中國日漸發展，勞工薪資大幅提高，他所擅長的商業模式將愈來愈不容易賺到錢。

Terry郭是個真誠的人。所帶領的集團以製造聞名，很踏實，這也是重要的策略。只不過，我覺得他個人對科技研發不感興趣，只想用錢買專利。對他而言，技術發展只是經商的支撐之一，他的重點還是商業。

我認為，如果鴻海願意把賺來的錢投資在技術研發，讓技術能力變得更強，就有可能成為台灣唯一以研發致勝的企業。

三星耗費了10年工夫，才終於開發出獨自的技術。鴻海如果也願意這麼做，成為世界級企業將指日可待。

和台灣合作，好過與中國、韓國

日本人不喜歡中國和韓國，但很多人喜歡台灣。比起被中國或韓國併購，被台灣併購，日本人會比較高興一點。台灣和日本的感情也不錯，像鴻海與夏普這種日本與台灣一起工作的模式，相信之後會愈來愈普遍。和中國因為過去的歷史關係，是可以理解的，但為什麼跟韓國不友好，我也不了解。

台灣與日本比較沒有這種扭曲的關係，而且，企業經營本來就無國界，是不選擇國家的。這種企業併購並不是什麼新鮮事，日本企業也併購歐美企業，為什麼鴻海併購夏普會鬧這麼大？

我認為，沒有了Terry郭，也不可能做到這樣。據我了解，Terry郭也是循序漸進爭取來的，而不是突然買下。之前，我搭飛機時聽過一則插曲，還挺感動的。聽說Terry郭為了爭取索尼這個客戶，曾跑到索尼的社長室等，後來索尼的社長被他所感動。可見他不是一般日本民眾所認為的暴發戶，是個創業者。

我認為，鴻海收購夏普對雙方的發展是好的。夏普已達到界限，無法繼續擴大了。Terry郭是位意志堅強而且成功的商人，我從來沒見過像他這樣的人。

以我們這一代的人來看，夏普是二流公司，東芝、日立、索尼才是一流。只不過，現在的日本年輕人對夏普的印象不太一樣。日本的年輕人對三星和LG印象還好，但不喜歡韓國品牌的幾乎都是日本中年人。日本的年輕人和中年人，在很多方面都不同。

有人說，鴻海併購夏普，就像台灣人買了日本人的驕傲似的。日本人覺得夏普被台灣收購是件丟臉的事。但我不贊同。因為工業一直在改變。40年前，日本公司也併購過美國公司，美國人當然也很不爽。所以，相同的事情還會發生，工業一直在前進。

Terry郭的談話精簡、專業，雖然只談了20多分鐘，卻感覺像談了2小時。我們討論的是技術而不是商業問題，他解釋了最近顯示器商業的世界趨勢，看得出來他對商業高度的興趣，和日本一些公司總裁的關係也很密切。

但是，夏普不一樣。以前，夏普的總裁對科技很感興趣的，因此管理方式不同。這樣的夏普被懂商業的鴻海收購，是很好的選擇。

只不過，夏普與鴻海的文化完全不同，如果Terry郭能妥善管理，夏普和鴻海的優勢應該可以加乘，這樣最好不過。但是，如果將鴻海的管理策略完全用到夏普，可能會出現一些問題。

以前，夏普沒有電視機製造廠可做真空管，在這方面落後了。但是，這也是夏普後來將大筆錢投入LCD（液晶顯示器）後，一路領先的主因。東芝和索尼，尤其是索尼，都無法無法迅速的建立工廠生產LCD，但夏普做到了。等於說，夏普沒有生產真空管的工廠，前面沒路了，於是，另外開闢了另一條路。

國際科技趨勢此消彼長

夏普在LCD方面有很豐富的經驗。顯示器用的是LCD，怎麼說呢？氧化物IGZO一案其實是由蘋果驅動的，夏普並沒有意願做氧化物TFT產品，但因為蘋果想把新技術加到新產品裡，認為可以試試，所以要求夏普生產氧化物TFT，iPad就是由氧化物TFT驅動。這是蘋果投資夏普和松下的原因。松下在LTPS（低溫多晶矽技術）方面優秀，而IGZO和TFT則是夏普的擅長的，也是夏普創立這條事業線的原因。

氧化物TFT意味著IGZO技術。由於材質的關係，用電不多，用在手機很好用，而且價格比較便宜。但是，OLED相對的就貴很多，這表示產品的數量不多。10年前，液晶電視很貴，但隨產品數量增加，價格才能下降，但現在，55吋的OLED液晶顯示器電視，只要1000美元。

Terry郭想要一個共用的背板（註：一種實體和電子系統匯流排，會透過多個連接座將多張電路板連接在一起，這些匯流排的層數和訊號線數目可能隨著電路架構而改變），共用而這些都由IGZO驅動。如果同樣的背板應用在LCD和OLED，就是很好的科技策略。

接下來，科技應會著重在資訊技術與製造技術的結合，像IoT、機器人之類的，可能是下一個發展空間。無論如何，傳統的顯示器可能不再是主要的產品。10年後，LCD可能會變成過去式，中國可能在顯示器方面，變成主要領先者。

工業技術瞬息萬變，國際學者認為，1990年代，日本人就已失去科技第一名的繁榮，像個人電腦、手機等，因為日本沒跟上腳步。

我們的工業需要改變方向。美國過去幾乎也一樣，但現在，美國有了不同的商業，像谷歌、蘋果、微軟等。商業模式改變，所以國家也需要改變。只不過，每個國家都需要自主選擇，因為歷史和地理位置等都不同。但是，沒有關係，只要認定要發展的產業項目後，勇往向前就是了。

記得1990年代，在一場電晶體國際會議，我曾被人狠狠地奚落：「這裡可不是你的玻璃屋！」因為當時是非晶矽研究的全盛時期，相關發表幾乎都與非晶矽有關，像我用氧化膜（玻璃）做電晶體之類的研究，根本不被當成一回事。當下，我啞口無言，卻沒有因此影響繼續研究的心情。

獨創的發現在細微之處

後來，「IGZO-TFT」發展出來了。IGZO技術讓液晶度更精細、成本更低，各種顯示器都採用這個技術，成為市場主流，這真是始未料及。「IGZO-TFT」是如玻璃般非結晶氧化物半導體，其中完全沒有矽。

矽，就像銀座，華麗的大街上有指標，地址也很清楚。相對的，氧化物半導體宛如街道的小角落，樸實無華。我們沒有洩氣，反而更專注地研究小角落之美。仔細思考，矽並非萬能，不為人注意的氧化物半導體，由於是各種物質所構成，所以反而從中發現新的機能。我們的研究成果「IGZO-TFT」中，受關注的還有電氣通過水泥、鐵基超導體等項目。相對於精心設計的材料IGZO，鐵基超導體的難度更高。而且，還是偶然發現的。

相同的，台灣的吳茂昆先生發現了YBCO（註：釔鋇銅氧，或稱釔鋇銅氧化物、YBCO，化學式為 YBa2Cu3O7，是著名的高溫超導體），其Tc（超導溫度）超過77K（註：轉變溫度高於液氮的沸點，用相對便宜的液氮即可冷卻），這也是偶然發現的。或許有點幸運，但歸根究柢，只有準備好的人，才能抓住這種機會。

現在，我專注在氨合成催化劑上。氨對能量很重要，例如氫氣，氨可以分解成氫氣，在任何地方我們都會用到氫氣。氨是一種化學物質，與氮氣一起，可以製作材料或者化肥，和氧氣一起則可以做成燃料，代替石油和汽油。未來，會是一項重要技術，而且會被廣泛使用，這項研究很榮幸獲得日本政府的支持。

小時候，我就對純科學感興趣。從0到1是創造，3到10則是生產。說起來，我比較喜歡從0到1的過程。我對事物的改變很感興趣，特別是水的電解，水通電後能分解成氫氣和氧氣，探索這一點，可以發掘到很多有趣的事。

在小角落發現新風景很有趣，但也有痛苦的一面。因為在新領域研究中，由於無前例可循，心裡是忐忑不安的，不知該如何開始，也沒有商量的對象，很孤獨。

在科學的領域，最需要的思維是對自己的想法專注和堅持，而且不要害怕丟臉或失敗。在和學生討論時，教授與學生是平等的。討論過程中，我這個當教授的常顏面掃地。但是，比起教授的尊嚴，誰說了什麼論點更重要，從討論中發現新構想才是目的。失敗也一樣，因為失敗必定潛藏著成功的尾巴。

到目前為止，我挑戰了很多研究，無論是哪個研究都能找到獨創處。「如果是我來做，絕對會成功，」這種自信，對做研究的人來說，是很重要的心態。

※本文除錄音專訪以外，並參考日本媒體報導後綜合整理而成。

（吳龔、沈采蓁綜合整理）

永不放棄。這條路行不通，就換另一條 【Box6】

專訪夏普堺工廠顧問矢野耕三

矢野耕三是夏普很有代表性的技術員。從24歲進夏普後到現在63歲，40年歲月都獻給公司。曾參與夏普歷史中幾項至為關鍵的技術開發，包括世界首台液晶電子計算機和14吋液晶電視顯示器，後者獲2014年美國電子電器學會IEEE里程碑獎。曾任龜山工廠生產本部長，領導團隊以建設先進工廠有功，獲得「日本製造大賞經濟產業大臣獎」等，進鴻海團隊後甚獲倚重。

我在3年多前進日本富士康（註：鴻海在日本的分公司）。當時，日本富士康正值草創期，辦公室在新大阪，主要業務是開發和生產有機EL面板。1972年24歲那年，我唸完碩士就進夏普的液晶研發團隊，液晶技術中的數字顯示，就是我們團隊開發的。

團隊在1972年研發了電子計算機，1973年開始銷售，1976、77年研發電壓器，然後是電腦、電視，現在是智慧型手機，特別是有機 EL 的研究開發。當時總部雖然在大阪，但研發中心和工廠都在天理。

1993年前後，在龜山蓋了電視生產工廠，之後因為電視尺寸愈做愈大，2006年又成立堺工廠。30吋以上的大型電視則在堺工廠生產，30吋以下的小型電視在龜山生產。

1988年，我們成功試作出14吋薄膜電晶體液晶顯示器後，研發的目標提升到液晶文字顯示器，而且必須以全彩方式呈現。直到1998年到1999年，電視的液晶文字顯示器才成功地推出。

被收購後的研發使命

事實上，無論將數字進化到文字，或把文字運用在像A4的小尺寸或更大尺寸的螢幕上，都是尖端的科技。以液晶電視來說，從30吋發展到60吋電視時，最難的是把液晶注入千分之一（milli）微小的間隔中。為了注入時的平均，電視的尺寸愈大，難度愈高。

我參觀過台灣林口的廣達工廠，還有友達、群創、中華映管 CPT等，這些公司都和日本有技術合作。台灣技術人員對液晶面板和顯示器的量產技術學得很完整，優點是願意虛心地學習，而且很快的就能運用自如。現在，台灣的量產技術已經很好了，目前市佔以台灣群創、友達，韓國三星 、LG 及大陸的京東方和小米最好。

台灣在大型電視顯示器量產技術方面雖沒問題，但是，智慧型手機等小尺寸的顯示器生產技術，還是不如日本和韓國。另外，台灣在液晶方面的生產技術雖已經沒問題，但對下一代產品的研發與生產技術，仍有努力的空間，因為中國在後面緊追不捨。

以技術學習來說，台灣與中國要發展的方向不同，台灣和韓國是向日本學習技術，中國則向韓國學習，台灣對中國今後的發展不能掉以輕心。

我們研發中心約20多人，主要研發有機EL面板。有機EL主要用在智慧型手機，畫面可折疊彎曲，方便攜帶。另外，可用在其他產品，比如說汽車用零件和大型電視，今後，這些產品如果能做到摺疊收起，那麼，消費者要收納就更方便了。不過，我們的最終使命在於，如何讓這些材料、裝置、設備等能夠順暢地操作，並將技術轉移到台灣。

不服輸是日本人的精神

鴻海能快速而且大量生產的主因是有模具。例如，A 公司下訂1千萬台產品，鴻海能購在2、3個月內就生產完成。因為有技術、資金，是極大的優勢。夏普在技術方面雖然是頂尖的，但是，無法像鴻海這樣大量生產，所以，雙方合作絕對有互補的加乘效果。夏普還有許多沒做成成品的研發產品。產品商品化和量產都需要資金，所以，讓鴻海開發客源並負責量產研發品。

以前，我在夏普負責的研發團隊，主要的任務是研發應用面的產品。當時，天理研發中心的團隊就有200多人，大家常加班到深夜，有時候，光是研發一種技術，就要花1年以上時間。

夏普有很多領先同業的產品，像黑白電視、電子計算機、微波爐、打字機、帶相機的手機、太陽能電池、液晶電視等。最近，受矚目的新產品有可以捕蚊子的空氣清淨機、水波爐、模仿生物的家電產品等。

剛開始，夏普不是一流企業，不像松下、索尼的規模那麼大，在八大電機業（日立、松下、索尼、東芝、富士通、三菱電機、NEC、夏普）排名在後面。因為沒做過第一，所以一直拼命地往上爬。一心一意想成為不僅是日本，也是世界的一級企業。所以，肩負的責任很重，也有許多問題需要克服。

設法克服困難、想更往上發展、不願意墊後，是日本人普遍的精神。所以，我們會想挑戰新事物，這條路行不通，就換另一條路。作為研究員，為了等待測試的結果，半夜回家是常有的事。一天工作15小時，常被家人抱怨。

孤獨的郭董愛吃牛丼

我和郭董是在廣達認識的。1999年到2003年之間，我以夏普技術員的身分在廣達工作，協助技術轉移。當時，郭董邀請廣達的負責人用餐，我也參加了。之後，曾一起工作的同仁邀請我加入富士康，而我也想和郭董一起做事。

1999年，郭董就想跟夏普合作了。但當時進行得不順利。我自告奮勇表示，願意做雙方的橋樑。

郭董的個性積極向前、執行力強、很果斷，讓我很欽佩。郭董用高價收購夏普，應該是感受到夏普的某種魅力。有人認為，他以高價收購是為了能將夏普徹底地改革，這種想法很合理。

郭董常說自己獨裁為公。一般來說，日本人不會直接說喜歡或不喜歡這種字眼。夏普的歷任社長，像早川德次、辻晴雄、町田勝彥、片山幹雄等，也都是一個人做決定，只是方法略有不同而已。

例如，創辦人早川因為專精技術，那麼，就選數字高手來協助，像佐伯旭。或者如果社長擅長經營，就找有專精技術的部屬輔佐，像業務力強的町田就找有技術力的片山。

也就是說，夏普雖也是一人決策，但有輔佐的人彌補其不足。郭董則是一個人掌握全部，所以比較孤獨。不過，我相信夏普的員工還最終還是能夠適應，畢竟歷任社長的領導風格也是一人決策型。

還有，郭董對自己事業群內容掌握度之詳細和精準，也讓人印象深刻。每年，台灣農曆過年前，郭董都會召集各事業群幹部一起開會。檢討舊年度的工作和討論新年度的方針，時間約需3天。本來預定從上午8點到下午5點，但常討論到晚上10點。因為負責人在發表時，郭董會給予許多指示和意見。

郭董很平民化，喜歡吃牛丼，和員工吃飯，常點這一道。所以，我們也只好跟著一起吃牛丼（笑）。

（詹琇雯整理）

夏普、三星電子的股東資本推移及其差（倍率）　【Box7】

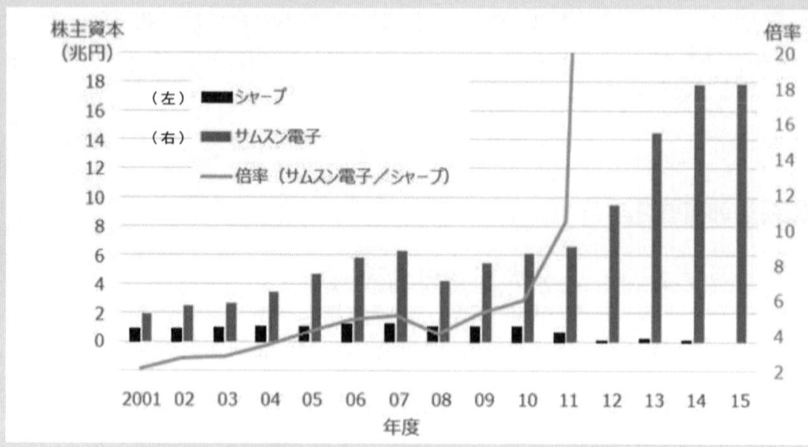

股東資本（兆日圓）（株主資本（兆円））

黑色：夏普（シャープ）

淺灰：三星電子（サムスン電子）

折線：倍率（三星電子／夏普）（サムスン電子／シャープ）

參考日本SPEEDA

思考高科技對生活的意義 【Box8】

專訪東京大學製造研究所所長藤本隆宏

藤本隆宏是針對日本製造業特色，第一個提出「整合」概念的人。所謂整合，接近英文的「Comparing and Adjusting」（經過比較、檢討後予以調整）。與歐美的「模組」（Module）是兩種不同的概念。訪談中，他提到鴻海的機會，並以巨視的觀點談世界經濟趨勢、日本的機會，以及科技時代應有的人文關照。目前在東京大學經濟學研究所任教，擅長「製造經營學」，對汽車等加工組裝產業、軟體業、服務業、金融業、建設業、一次產業等都有研究。

鴻海收購買夏普，主要應該是想把生醫器材、機器人和空氣淨化等技術帶進台灣。

日本的機器人技術可能是世界最強大的，夏普的技術不見得是日本最棒的，但還是有很多優勢。另外，我認為鴻海可以利用它在勞工方面的優勢，讓公司更壯大，也許類似蘋果那樣。不過，現在在中國發展的風險愈來愈大，所以鴻海開始在印度布局，是新的對策。

印度在世界代工市場的影響逐漸大起來了。而且，巴西和俄羅斯也在急起直追。與10年前相比，這些新興經濟國家的發展已不可同日而語。反而是中國的發展緩慢下來，中國的人口龐大，佔世界1/10，但高成長的發展已告一段落。所以，我認為應著眼於更現代的新興市場。

沒有絕對的贏家和輸家

全球化的定義，一直在進化中。例如，1980年代，「全球」意味維持競爭關係或提升產品品質；冷戰前後，當中國和其他國家還沒發展時，則意味歐洲、美國和日本是金三角。但是，今天全球的定義已完全顛覆，全球意味「個人」，個人也可達到全球化。所以當面臨壓力時，除了強化實力之外別無他法，否則無法生存。

表面上，日本的製造業已經疲軟，許多工廠都在消失中，也失去很許競爭優勢。所以，我們才更需要做些什麼，以便增強實力，而且拿出表現。否則重蹈倒閉命運的工廠還會陸續出現。

日本已不像從前是霸權國家了。常言道，沒有絕對的贏家或輸家，每件事都是有對比性。

這就是為什麼會有貿易，因為貿易必須是平衡的。如果有完全的贏家，其他貿易商就沒有出口任何貨物的餘地了。但是，絕對獨佔的狀態無法持久。

一般而言， 產業和運動是不一樣的。舉奧運的例子來說，奧運沒有任何不利的條件，如果中國各方面都強，就可以獲得所有金牌，是絕對的贏家，或者美國的實力很強，美國也可以得到許多金牌。

但是，產業競爭不一樣。

如果你非常強大，就會碰到障礙。像日本，過去的貿易量巨大，結果，日圓不斷地升值，從360日圓兌換1美元，變成100日圓，甚至80日圓就能兌換1美元，對出口相當不利。為此，我們放棄了紡織品、個人電腦之類其他許多東西。然後，改為大量地進口汽油、燃油和其他物資。

畢竟在產業競爭中，的確有不利競爭的條件，匯率問題就是其一。沒有人能囊括並出口所有貨物。此所以台灣有一半產業會成功，另一半會失敗的原因。有經濟學家主張，與其保護這些會失敗的產業，不如放棄，然後以此作為交換條件，進口對我們好的東西，藉以強化本身的經濟。

匯率影響產業競爭至巨

這麼做了以後，你和你的孩子就能享用物廉價美的商品。還有，如果100日圓能換1美元，那麼一般日本民眾就能享受低價的汽油和葡萄酒，而且國家也能出口自己的強項產品，讓貿易得以平衡。這是最好的狀況。

現在，日圓又升值了，從120日圓兌換1美元，升到100日圓兌換1美元。有人說這是世界末日，但我不這麼想，反而認為最糟的事是日圓暴跌。如果1美元能換200日圓，那才糟糕，1997年的亞洲金融風暴，就是血淋淋的教訓。

日圓升值，製造業就趕緊改善製造過程，以利競爭。有時間又願意改善，公司就能繼續經營、持續獲利。當然，如果短時間內日圓又很快貶值，那麼許多企業難免因周轉不靈而經營不下去。匯率是雙面刃，不是只對一方好一方不好這麼單純的事。所以，中國才要控制匯率。

日本人注重團隊合作，有種「根回」的文化，意思是事前溝通商量。這種精神，在汽車產業或其他任何需要高智能的產業，都很需要。

而且，日本注重工業環保的觀念也及於產業。像汽車和抽水馬桶就做得很好，而且外銷了很多。抽水馬桶努力地朝省水這一點做研發，汽車也運用自然的資源，更綠色環保。而這些，都需要費時做許多前置溝通，才做得到。

共享經濟崛起，也有省能源的意思。谷歌有無人駕駛汽車，很多人也開始利用運用uber，影響汽車的銷售額下降，而且想買車的人可能變少，尤其是住在城裡的人。如果用理性的角度思考未來的產業，可能不再需要那麼多汽車了。

儘管如此，我們仍想擴大在全世界的銷量，例如，在中國、印度、非洲和其他地區，汽車可說世界上最大的玩具，非常有趣。

德國人對共享汽車的接受度就不高。德國人大部分都很愛車，也願意花錢買昂貴的車。他們認為，這是一種生活的意義，擁有汽車、自己開車是生活的意義。

高科技與共享經濟

不過，我認為uber和共享汽車，仍會是未來的趨勢。

當科學技術進步時，人們更需要思考未來技術決定論的危險。畢竟如果只仰賴機器人，只設定讓機器人跟你説些好聽的話，你還會認為生活有意義嗎？

人需要有意義的生活。在美國，許多人失業，是因為很多只需要單一重複運作的工作，都被機器人取代了。因此，人必須尋找其他有意義的，只有人能夠完成的工作。

工業機器人以外，儘管陪伴型機器人可能愈來愈普遍，但是，人與人的交流，仍然需要溫度。我倒覺得以後，陪老人家説話，和他們交流的需求會增加。

科技的目的是什麼？要看怎麼運用。以日本高齡化社會為例，在某些村落，老年人已放棄開車，改搭公車了。但是，我認為，和東京相比，鄉下有更寬闊的道路，所以，更適合推動自動化汽車，而且操作簡單，老人的信心也可以提升。

和年輕人相比，高齡者猝死的機率當然也高。以前，日本因交通事故死亡的人數一年約16000千人。近年，由於交通系統改良，積極宣導交通安全教育，死亡人數已大幅降低。儘管如此，但每年仍有4000人死亡。今年，交通事故身亡者有一半年齡超過65歲。所以，無人汽車需要努力的是，遇到突發狀況時，汽車如何立刻停下、降低危險，讓生命受到保障。

高科技時代，人需要哪類型的自動化汽車？還有，人，需要的哪種工作？都必須思考。說起來，我們之所以努力地開發機器、人工智能、汽車、自動化等技術，不外是為了讓後代子孫的生活過得更好。像我，就希望兒女居住的社會，是個居民友善、生活空間稍大，收入一般，但是，是一個更公平、更人性化的社會。

（吳襲・沈采蓁整理）

第三章

夏普的故事二：誠意與創意的黃金年代

SHARP

戴正吳上任後才4個月（2016年12底止）就寫了5封信給夏普員工。每一封都觸及夏普原來的經營信條和創業精神「誠意與創意」。5封信的主題各是：轉虧為盈讓百年老店的品牌閃耀全球；發揮團結（One SHARP）和言出必行的力量，重新爭取所有利益相關者的信賴；回歸初心（Be Original），重振創業精神；從言出必行到言出實現，盡全力達成目標；革新與展望未來。

接管夏普後不久，郭董曾率領幹部向夏普創辦人早川德次的銅像致敬獻花，並承諾帶領夏普重返榮耀。

直到現在，戴桑每天上工前，仍會向早川的銅像行禮如儀，入鄉隨俗用行動表現尊重夏普的精神象徵。「要做，就做人人競相模仿的商品」是創業者早川的口頭禪。不僅因為被模仿是一種恭維，而且是消費者所需求，好賣的商品。早川自己是發明家，他發明的自動鉛筆「Sharp」（鉛筆的品牌名，取尖銳之意）是夏普社名的由來，日本最初的皮帶金屬扣「德尾扣」也是其作品。1912年創立至今老舖的創辦人可說是職人企業家，特別推崇技術和鑽研精神。

和歷史一樣，企業也有黑暗和光明面。以光明面來說，夏普的新生代沒讓老創辦人失望。儘管公司營運風雲詭譎，基層的技術員固守崗位者大有人在。電機業中連獲三次美國電器電子學會IEEE 里程碑獎的只有夏普，創新的DNA承續至今，2016年為止依然獲獎頻頻。例如可接收8K（3300萬畫素）的高寬頻數位電視接收器，獲「CEATEC AWARD 2016 日本總務大臣獎」。有了這個接收器，鴻海宣布2019年以前將量產8K電視，成為東京奧運會主要的供應商，有恃無恐。

另有4項產品獲得「2016年度優良設計獎」(Good Design Award),包括利用專利淨離子群技術(能分解並去除浮游等細菌))研發的空氣清蚊機、空氣清淨機「S-style」,以及數位全彩多功能事務機和機器人手機RoboHoN。「他們的技術很好,沒錢而已,」戴正吳曾在公開場合透露。夏普確有戰後日本製造業優等生之譽,寶刀不老,創意商品的背後有自己的價值觀。

▶ RoBoHoN,會跳舞的手機

甫獲最佳設計獎的 RoboHoN 曾越洋來台亮相。2016年7月6日下午,鴻海旗下的康法科技在台北三創生活園區5樓舉行記者會,目的是宣傳夏普的新手機AQUOS P1。當天,夏普的海外市場開拓部部長岩城淳一也來了。

然而,新手機的風采被另一個神秘嘉賓給搶走了。

神秘嘉賓是RoboHoN。當舞台燈光聚集在身高19.5公分、重390公克的RoboHoN瞬間,只見這個圓頭、大臉、模樣可愛的小機器人揮起手,用中文打招呼,還配合音樂手舞足蹈,機靈的萌模樣迷倒全場。「哇,這麼小,好聰明喔!」與會者不禁發出驚呼。

RoboHoN是全球第一台結合AI(人工智慧)的移動型機器

夏普的岩城淳一部長來台做宣傳

人手機，體型最迷你，學習能力進化中。「成為你生活的夥伴」是設計時的概念和價值觀。希望使用者在反覆地與它對答和相處中，在無形中產生信賴感與愛寵心，最後，像養育寵物般，自己在被療癒的同時離不開它。

研發期間，正逢公司的營運陷入低潮，社內反對花錢研發的聲浪不絕。但是，負責執行的景井美帆和田代博史都沒有鬆懈，化悲憤為挑戰的動力，還找來東京大學尖端科技研究中心特聘教授高橋智隆共同開發。

景井美帆目前是夏普IoT通信事業本部「RoBoHoN」開發小組負責人，負責商品企劃。在回答最初構想的由來時，她表示：「一開始並沒有想到要結合機器人和手機。什麼樣的商品才能讓消費者喜歡上機器，才是我們關心的。」畢竟手機的技術和性能已很成熟，而且幾乎每年翻新，想差異化相當困難。最初能想到的是在某個附屬品的尾巴或耳朵接上手機，然後讓人享受彷彿在跟生物或寵物溝通般的樂趣。後來，和高橋教授討論了許多次以後，機器人手機的概念才逐漸成形。試作品很快就完成了，但在商品化之前要先說服公司。「所以，我們是在邊操作、邊說明概念的情況下說服公司，2015年4月終於獲得首肯成為商品，」景井鬆了一口氣似的回答。儘管如此，從研發到上市仍花了3年時間。

結合專業知識和技能也是一種整合。夏普社內向來有向學界挖角和借才的制度，當找到機器人創意家高橋隆智時，其實就期待商品能有所突破。而高橋也沒有辜負使命，「一直以來，我都在思考取代手機的商品。融合機器人、AI和手機的想法，始終在我腦裡打轉。」高橋接受日本媒體訪問時透露，RoBoHoN的名字也由此而來。RoBo（發音robotto，ロボット）在日文是機器人之意，HoN（發音hon，テレホン）是電話的意思。成品完成後，夏普開發機構部田代博史的感想是：「製造機器人的思考模式和一般製造完全不同，是嶄新的學習。」團隊中唯一的女性景井美帆的感想則是：「夏普就是有創新的DNA。」

RoBoHoN自2016年5月推出後，陸續引起日本學界、業界和消費者討論，一台要價日幣20萬日圓（台幣約6萬元，和機器人沛博的價格差不多）並不便宜，但一開賣就接到1000台訂單。「以後，把看不見的資訊、真實的場景和實物結合起來的技術，相信會更普及，」神戶大學教授塚本昌彥預測。有機器人達人之稱的吉村浩一表示驚艷：「把它當機器人看待，也不為過。」

在全球溝通型機器人中，RoBoHoN不僅最小型且功能多。由於配備了許多複雜的零件，不僅能和使用者對話、提供資訊，性能也提高。具備辨識外觀的能力、動作靈活，還可以放映。例如頭部裝投影機的控制IC基板和圖像處理ASIC（特殊應用積體電路），有放映的功能，後方裝了冷卻風扇，可降低熱度。黃框眼睛裝LED，有紅、橙、綠等七種顏色，每種顏色的功能都不一樣，紅色是啟動、橙色是通話中、綠是辨識聲音中、藍是攝影中、淺藍則示意有新信件和留言等。黑色的機身雖薄仍裝了許多零件，有主機板、處理器及晶片等，背後是夏普的液晶顯示器和觸控式螢幕。為強化對話功能，特別配備四個麥克風；為讓雙腳能移動、站立、坐下和跳舞，裝了13個全球最小型的伺服馬達（Servomotor）。這一點是在開發硬體時最大的挑戰。為讓它能帶著走，機身的尺寸要小，但馬達沒有那麼小的。於是只好找來有技術的製造業一起開發、重新製造。單僅開發小馬達就花了1年時間，一個要價24美元。也因為這樣，可以展現高難度動作，像伏地挺身、做體操，最近在日本連續劇「月薪嬌妻」中，因為隨片尾曲跳了一段熱舞，知名度大為提升。

技術員們堅持創新，不惜花錢和費時，對配備零件也不手軟，以致價格不貲。「10年後，希望能賣到超過10萬台，」專務長谷川祥典一句話，透露細水長流的銷售計畫。

筆者第一次邂逅RoBoHoN是2016年6月底，在夏普博物館，RoBoHoN站在展示櫃台上迎賓。先用日語和它對話，再請它拍照留念，剛拍的照片透過它頭部的放映機當下投影在櫃台玻璃上，映像清晰。但覺得拍得不理想，請它重拍一次，RoBoHoN耐心的努力配合。這種互動確實比單純的手機感覺親切也有趣得多。

RoBoHoN像個盡責勤快的秘書，很容易博取人好感。一早，它可充當鬧鐘，還時時不忘提醒來電或新信件。如果使用者忙得沒時間看信，交代一聲，它會代為朗讀：「別忘了今天中餐的約會喔！」仿5歲幼童的童稚發音十分悅耳。因具備GPS（全球定位系統）以及能夠辨識外觀，所以當使用者在瀏覽照片時，它會在旁提醒：「這可是7月15日在橫濱拍的照片呢。」手機的內建遊戲軟體有黑白棋，它會跟使用者下棋鬥智，更重要的是具備傾聽力，能夠分享和理解使用者的點子，與使用者擁有共同的經驗。由於

夏普博物館裡的 RoboHoN

智商設定在5歲，學習能力持續進化，當學了使用者應用的情況後，會自動地改變對話的內容。而這種「一起成長」的功能，會透過 APP 的開發持續下去。

「看來夏普真卯足勁，發揮了高度的研發Know how！」日經電腦雜誌副總編輯山田剛良盛讚。RoboHoN 的售價原本可以再便宜些，比如說，雙腳不要動，售價可能只要10萬日圓。但是，夏普沒這麼做，「是為了堅持細膩的工藝吧，」山田如此分析。而且，在細節處下了不少工夫。例如RoboHoN辨識聲音的能力已很好了，但偶爾會失敗。可是，當它失敗時，會微偏著頭默默地仰視著你，一副無辜的模樣，使用者也不忍心生氣了。另外，郵件裡如果有「謝謝」、「電話」、「開車」等字眼，RoboHoN會邊朗讀邊模仿著做動作，很有活力。

夏普原就期待RoboHoN是支超越手機的手機，「得人愛寵且不可或缺的生活夥伴」是構想的原點，吉村浩一忍不住稱讚：「是前所未見的革命性產品。」

搶得先機的創意和技術向來是夏普的理念。公司在「行動規範」（規範內容可在公司網頁看到）條文中，要求員工在節省能源和保護環境的基礎上，竭盡義務提供獨創性強的商品和服務。

筆者問一名人文系夏普人為何選擇進製造業？「因為他們做的商品都很好玩，」他回答。早稻田教授長內厚也說過，夏普人普遍保有一種「玩心」，別人做圓型捲筒衛生紙，夏普人可能做成方型，不願墨守成規。

▶傾聽造物者的聲音，海豚金鵰變家電

每家企業都有用人的哲學，夏普則偏好熱情有行動力而且好奇心重的人。好奇心讓人樂意嘗試和冒險，也比較容易習得多元的知識和技能，融合各領域技術的可能性也高，開創性產品的研發需要這種人，勉勵員工從做中學。具備多元功能的人在夏普被稱為「T型」（取創始人名字「德次」的德字發音「T」okuji）人間，當然也寄望具有創辦人的發明精神。

大塚雅生就是T型人物，隸屬健康環境系統事業本部。

2008年以後，由於大塚雅生應用「生物仿生學」（Biomimicry，模仿生物特殊本領的一門科學。1960年由美國J. E. Steele率先提出）的知識，至今一共開發了10多種顛覆傳統的新家電。這種家電不僅性能高也環保，讓夏普提升商品價值之餘，更確立了差異化技術。

大塚對大自然的現象和生物的生態充滿好奇，向日葵種子的排列順序、颱風的渦流形成、河水的水流現象和夕陽的顏色，天空飛的信天翁、金鵰、蝴蝶、蜻蜓，海裡游的海豚、地上跑的貓咪等生態等等，都讓他著迷不已。他將好奇化為研發的動力，模仿大自然和生物優異的本領，再融合航空工學的專長，實踐了技術創新。

他和助手公文結衣（音譯，原名是公文ゆい），兩人截長補短的攜手開發了不少開創性的商品。例如模仿信天翁和金鵰翅膀的冷暖氣室外風扇，扇風效果提高了30%；把貓咪舌頭的突起點原理，應用在吸塵器壓縮垃圾的刀片上，讓壓縮垃圾的效率提高兩倍；把齒鯨類的迴聲定位原理，運用在機器人吸塵器上，讓其迴

避障礙物；將蛾眼的凹凸結構應用在液晶面板表面的貼紙，藉以防止光線反射等。其他還有，仿海豚皮膚皺褶與尾鰭的洗衣機迴轉盤；仿颱風渦流散熱用天花板吊燈；仿夕陽的櫻花色燈光等，這都可在他們發表的社內刊物中得知（Box1）。

兩人隸屬的健康環境系統事業部於2008年成立，是夏普立意成為綠企業後具體的新組織。1997年自從通過「京都議定書」（全稱「聯合國氣候變化綱要公約的京都議定書」）後，包括夏普在內的很多日本企業，在研發產品時也提高環保意識。

大塚原率領的研發團隊沒有女生，公文是第一個。她還在讀大學三年時到夏普實習，被大塚相中。沒升學讀研究所原不符被挖角的資格，但大塚力挺，讓她大學畢業後就破例進公司。後來公文果然發揮了女性細膩的觀察力，在大塚腦筋打結時，適時提出中肯的建言，像氣旋吸塵器的貓舌頭原理就是她想到的。

1997年進夏普的大塚原專攻航空工學，因對控制氣流有研究，氣流如風，同事們給他取了個綽號「風神」。剛開始，他以航空力學為基礎，專注在提升冷暖氣的室外風扇效率，「但是進公司第8年以後，在研發上碰到瓶頸，覺得身心很疲倦，」是大塚邂逅仿生物學的轉機。為克服倦怠感，他開始向外尋求突破的機會。當時，因為沉浸在無機物的研究太久，想換換口味，「嗯，水不錯。水裡有許多活著的生物，」打定主意後，他開始去參加生物學研究會，試圖吸收新知識，結識新朋友。在學會中，他獲得許多和海豚相關的知識，對海豚深不可測的能力好奇不已。例如海豚時速可游50公里，但其所需的肌肉能量僅1/7。而且，當牠潛游深海，身體與水流垂直相交時，腹部會出現複數的皺紋，而皺紋顯然是一種抗力。這個原理很矛盾，為何在抗力產生的同時又能游得那麼快？讓大塚苦思不解。也許不及法國導演盧貝松「藍天碧海」中男主角對海豚和碧海著迷到至死方休，但不知為何，大塚對深海裡的齒鯨類像海豚、虎鯨、抹香鯨、鯊魚之類，就是很有感覺，而且啟發他開始鑽研生物仿生學。

2011年1月，公司的商品企劃部委託他研發，希望把洗衣機的洗淨力提升15%。這終於讓他逮到用海豚做對象的機會，最後果然將長年思索的結果派上了用場。

海豚尾鰭的勁道和皮膚皺褶的抗力看似矛盾卻相輔相成。大塚把這兩個原理同時活用在洗衣機的迴轉盤上。首先，在迴轉盤的轉軸處模仿尾鰭強勁的原理，藉以強化水流、提高洗淨力。但水流過強會讓馬達的負荷加重，耗電也大。這時，再活用皺褶抵抗的原理，在迴轉盤波輪處加類似皺紋的條紋，以便抑制水流的摩擦力，減輕馬達負荷之外，電力消耗也降低了。測試後，洗淨力不僅提升15%，連洗衣時發生的氣穴現象（Cavitation，物體在液體中快速移動時產生氣泡的現象）也降低30%。海豚迴轉盤洗衣機在2011年9月問世。

不過，這還不是大塚的最初仿生物產品，第一個是冷暖氣室外機風扇。

2007年秋天，大塚在研究會得知鳥類羽翼的本領高強。在風速低的地方，鳥飛得甚至比飛機快。「這原理可用在風扇上，」他暗想。不久隨即展開行動，用冷暖氣的室外機風扇做實驗。

首先，信天翁和金鵰的羽翼功能值得參考。因為信天翁擅於長距離飛行，翅膀展開時寬約3公尺，細小呈尖端狀的翅膀能捕颪、控制風的流動，飛行數萬公里都不覺累。

因此，先把室外機風扇葉片的一端改成如信天翁翅膀般細長形。細長的葉片讓外圍空氣的渦流變小，扇風效率提高30%。接下來，是噪音的問題。於是，再將風扇較寬的一端改成如金鵰般翼羽的結構。因為金鵰的翅膀前端許多分岔能掌控風的流動和不穩定，利用這個原理，風扇旋轉時因空氣的渦流減少，相對的噪音也受到抵制，結果噪音果然降低了2分貝。接著是把鳥類的小翼羽結構用在轉軸上。體型小的鳥在突然轉彎或俯衝時，能維持平衡並抑制空氣的渦流與逆流，不僅噪音降低性能也提高。2008年秋天，結合三種鳥類本領的商品率先亮相，普獲好評。

研究員的好奇心和勇於嘗試，讓夏普的家電研發及早踏上仿生科技的新路。仿生科技因具備低成本、高效能和環保三種優勢，2014年被財富雜誌譽為「前5個為企業帶來成功的科技趨勢」之一。包括日本在內，全球已有許多企業投入並開發出無數商品。

天理博物館的技術館展示著許多模仿生物的產品，知道研發的經緯後，連無機物也變得生動有趣。負責導覽的中谷友美透露，寒暑假和平日接受中小學參觀研習，也舉辦有獎徵答，獎品是自動鉛筆。每到那時，小朋友會推擠在產品前，七嘴八舌地猜測這是

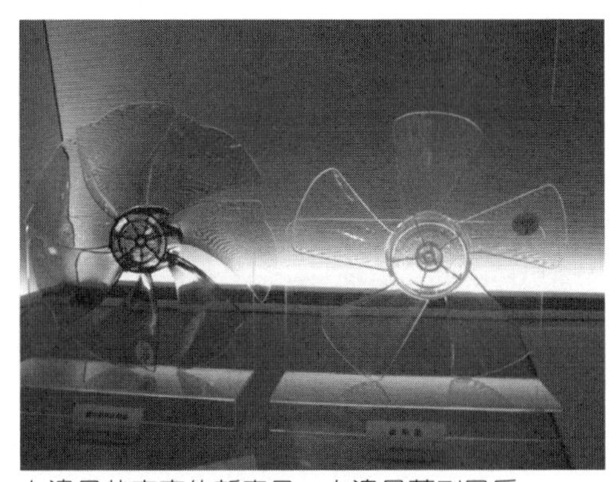

左邊是效率高的新產品，右邊是舊型風扇

哪種動物變的？是什麼大自然現象？忙不迭的發揮想像力，爭相提問，熱鬧極了。

「傾聽造物者的聲音」曾是貼在夏普中央研究所玄關的標語。足見夏普很早就思及有必要謙虛地傾聽深邃奧妙的大自然的聲音，並從中尋找創作的靈感，畢竟大自然就是平衡且永續力強的生態。創辦人早川德次在半世紀前就關注太陽光熱的潛力，率先於1959年研發太陽能電池，1967年開發的世界最大級太陽能電池被長崎縣御神島燈塔所用，後更發展至住宅用發電系統及兆瓦級太陽能。2000年產量已達世界首位。「太陽的熱氣和光線是免費而且無限的。多利用它製造電氣，人類獲益良多。風不能貯存，光熱可以。每個人如果貯存在屋頂，電氣就能自給自足，裝在汽車頂上，汽油不需要了，廢氣的問題也沒了，這是多大的恩惠啊！」在著作《我的想法》（私の考え方，1970年出版）中，早川已具備前瞻的眼光。

▶專心二意：夏普創辦人早川德次的故事

左邊是夏普第2任社長佐伯旭，右邊是第1任社長早川德次

早川德次在位（1924-1970年）的時期，因許多商品快一步開發或量產，因而獲得「急驚風」電機公司的綽號。急驚風的日文發音是「hayamaru」（早まる），以過去式表現是「hayamata」，語氣帶點揶揄但沒有惡意。夏普確實

率先開發了礦石收音機、黑白和彩色電視機、台式電子計算機、轉盤式商用及家用微波爐、太陽能電池、附攝影機的手機和液晶電視等。另一家開發型企業索尼（1946年成立）也因喜歡運用全新的理念和技術顛覆原有商品，像隻實驗用天竺鼠，所以有「天竺鼠」之稱。索尼的創業者之一井深大（1908-1997年）不以為忤，還在辦公室裡放了天竺鼠擺設。兩家企業互相傾心，索尼於1950年賣出第一台錄音機，但沒有量產的技術。於是小早川15歲的井深大特地登門請教。早川欣賞井深的直率，不加思索立刻答應。

天理博物館有技術館和歷史館兩個展覽室。歷史館陳列的是夏普所有代表性的商品。走進去，感覺像進入時光隧道。橫跨一個世紀的每一個古董產品都反映了先人的日常生活，既遙遠又真實，彷彿夏普100年的歷史（Box2）全攤在眼前。

天理的夏普博物館內

「到處都看得到的SHARP」雖是1990年代出了名的廣告詞，但1960年代，日本因廣播電台和電視台相繼開播，是家電元年。夏普因領先生產收音機和電視機，產品及早普及全國，以1954年為例，在電視市場，早川電機佔23%是第1名，東芝第2名、松下第3名。76歲的資深媒體人丸山勝出身長野縣鄉下，老家務農，18歲以前都得下田幫忙。他回想道：「小時候，農會賣的家電全是夏普的。」

而帶領夏普的聲名響徹日本的早川德次，是一個什麼樣的人？

早川原是東京日本橋的金屬工藝職人。幼時被送人領養，養

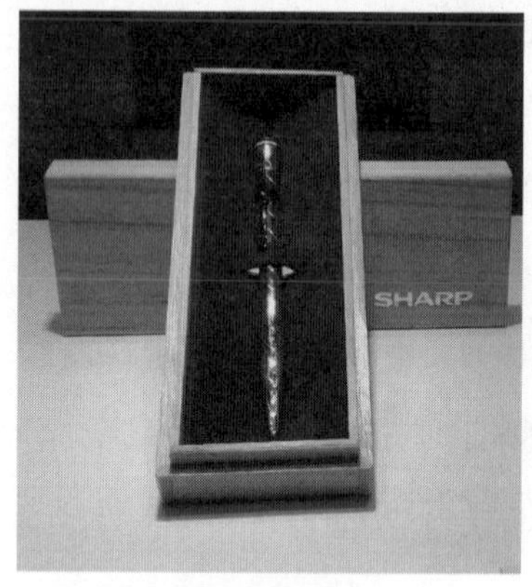

早川德次發明的活蕊鉛筆

父家貧，小學只讀到二年級，9歲去做學徒。19歲那年，發明金屬皮帶釦「德尾釦」取得專利，成立「金屬加工企業」。20歲，發明水龍頭栓，不僅簡化零件，組裝時間也縮減，取得第二個專利，之後開始製造金屬文具的零件。22歲，發明早川式自動鉛筆（即Sharp自動鉛筆）共36種款式，不僅行銷國內還出口到歐美，事業達到高峰，擴建工廠，員工增加到200多人。但造化弄人，在他31歲那年，遭遇日本史上最嚴重的關東大地震（1923年9月1日，東京和周圍幾個城市遭毀滅性的破壞，死亡人數估計10萬人以上），工廠和家產付之一炬，妻子文子與兩個兒子（長男熙治7歲、老二克己5歲）也遇難身亡。後來遷至大阪，偕同14名員工在大阪西田邊一片田園中設立小工廠，取名「早川金屬工業研究所」，東山再起。

人生無常的深刻體驗及「江戶子」的性格，讓早川危機意識比別人強，是個急性子，堅信掌握先機是致勝關鍵。後來他長居關西，但成長於東京。「江戶」是東京舊稱，江戶子泛指在東京出生成長的人。民俗文化研究者三田村鳶魚進一步詮釋語意，比起住在大街的商人，更像住在後街的消防員、泥水匠、工人首領之流「作風豪邁無畏、瞻前但不顧後」。

早川的身世坎坷、命運多舛，是個苦命人。但處事為人每能秉持誠意和創意迎難而上，數度將危機轉化成事業的動力。很少人知道，他的故事曾被改編成舞台劇，1970年代在大阪和東京上演。即使沒有家產和靠山，但只要勤勉刻苦一樣能出人頭地，逆境不屈的企業家故事，感動了許多民眾。舞台劇改編自作家石濱恒夫（1923-2004年）的傳記小說《遙遠的星星》（遠い星，1972年出版），以四個階段為劇情主軸：7至8歲的少年時代，17至18歲從學徒到獨立，20至30歲則是獨立後及關東大地震，40至50歲在大阪再起。

千金難買少年貧，可對應在早川的青少年期。苦勞，奠定了早川的人生基礎。他（1893-1980年）在東京日本橋出生，有4個兄姐，父親是家具職人、母親是裁縫師傅。母親生下他後罹患胸疾，無力扶養，只好把快滿2歲的他送給人當養子。早川終生沒見過生父母。

養父出野熊八是勞力工人，拖著台車到處收集魚內臟當肥料用，嗜酒，賺來的錢都用來買醉。和養母阿樂（oraku）一家三口住在「長屋」，長屋是低下階層住的屋子，好幾家緊鄰而居。房間僅4到6帖榻榻米大，有的還擠了一家6口。廚房和廁所共用，沒有自來水也沒電燈，靠汲井水、點煤油燈生活。生活清貧，但養父和養母對他疼愛有加。好景不常，在他4歲那年養母往生，養父再娶。從此日子變難過了。養繼母阿松（omatsu）只比早川大15歲，個性彆扭，經常打罵他。阿松後來生下兩個孩子，早川要幫忙照顧，常輪流揹著1歲的弟弟和出生不久的妹妹在家附近徘徊，望著同齡的孩子忙著在河邊抓蝗蟲玩耍，都沒他的份。到了晚上，還要幫家裡做代工，工作是在紙火柴盒貼上商家的標籤。一雙小手經常沾黏著漿糊髒兮兮的，到了冬天，乾裂的手會長凍瘡。不僅如此，三餐還不一定有得吃，即使有也只在飯上澆醬油或灑上鹽。

沉酣醉鄉的養父軟弱怯於反抗，鄰居們看在眼裡雖感悲憫，但也無能為力。有一次，養父的妹妹邀早川到家裡用餐後回家，晚上做工時，他突然覺得不舒服發出呻吟，阿松照例不分青紅皂白的開口斥罵，以為她又要打人了，早川慌忙跑出屋外躲進茅廁。從後追上的阿松對他拳打腳踢，早川招架不住，掉進茅坑。聞聲奔出的鄰居急忙抱起他，但壞心的阿松故意用冰涼的井水替他沖洗，正當他凍到快撐不住時，一個叫長兵衛的老人出面解圍，帶他回家。老人找來醫生注射營養劑，三天後燒退也恢復了意識。長兵衛從前做過武士，德高望重，老婆阿静（osei）是盲人，後來成為早川生命中的貴人。晚年投入盲人、兒童和老人福利事業不遺餘力（Box3），正因為感念阿靜，還有自己的身世與天性。

1900年，7歲的早川開始上學，那是他最開心的時間。因為都是窮孩子，很多人沒便當可帶，午休時間，大夥結伴跑到田裡偷拔菜果，找蜜蜂窩裡的蜜或跑到河邊抓魚烤來吃。但晚上的厄運沒有結束，常做工到深夜，以至於第二天上課頻打瞌睡。8歲那年，家裡的代工永遠做不完還加重，最後被迫在讀完小學二年級後休學。

過了半年，老人長兵衛站在早川的立場設想，認為外出學藝更有前途，於是設法說服他的養父母。早川人生的第一次轉折就在1901年9月15日，獲許他離家掙錢。那天，領他上工的人是盲婦阿靜。阿靜牽著早川的小手，走了約40分鐘的路程，邊走邊安慰他：「阿德，我的眼睛雖然看不見，但心裡明白得很。你是個倔強、聰明的孩子，以後老闆會疼惜你的。」

「歐巴桑牽著我的那隻手，好暖和。那股暖意，現在還留在我手裡。生涯中第一次揚帆出發，牽引我的是個盲人，」在《我的想法》中，早川如此回想。

前往投靠的是「錺屋」，一家做金屬工藝的小工廠，專替當時稱「蝙蝠傘」的陽傘製造金屬零件，有5、6個員工，老闆叫坂田芳松。一開始，什麼雜務都得做，除了吃飯，幾乎沒有休息的時間。每天清晨6點起床，第一份差事是把工作場所需的10個煤油燈擦乾淨和點燃，但並不容易。把燈油燻黑的玻璃燈罩擦乾淨還算好，但燈芯要燃得恰到好處就費工夫。因為燈芯如果歪了，燈罩玻璃容易被燻破，但燈芯太靠近內側的話，亮度又不夠，會挨師兄們責罵。早川生就手巧，總算應付過去了。儘管像陀螺般忙得團團轉，但三餐有得吃，有黃色醬瓜配，能喝到熱味噌湯，偶爾還有煮魚，他內心充滿感恩。

由於早川勤快肯做，老闆派給他一份份外艱苦的差事，就是走6公里去金屬店扛回金屬塊。加了黃銅板的金屬塊重約20或30公斤，揹久了，肩膀和背部會灼熱紅腫。揹起後，早川把脖子和頭部伸長向前，開始上路。但呼吸受重量影響備感壓迫，疼痛難忍時就停在路旁歇息，停停走走。

然而，更大的試煉還在前面，就是必須跨過兩國橋。兩國橋是座木製、中間拱起像鼓胴的太鼓橋，大人約50步可走完。一個冬天下雪的日子，雖逢嚴寒但沒襪套可穿，肚子又餓，肩上的重量壓得他快喘不過氣，走到傾斜處正要上坡的時候，突然湧現逃跑的念頭。但就算逃回家也沒飯可吃，做工再辛苦還能飽腹，轉念後，早川咬緊牙根奮力爬坡。「對當時10歲的我來說，雪中的兩國橋是一條好長好長的橋，」是早川當時的心境。

但是，也如他晚年所云，越過兩國橋後，才得以通往日後的幸福。

結束7年零7個月的學徒生活，又服務了1年後，早川成為合格的工匠。他立志當個職人，靠自己的發明和技術自力更生。

在當學徒時，早川發明的才華就已展露。曾用剩餘的金屬屑做成可以掛在腰間的藥袋。老闆坂田芳松改做鉛筆生意，但因技術不純熟失敗後，早川自告奮勇帶著賣不掉的鉛筆到夜市擺地攤。夜市擺攤的體驗，讓他學會做生意的本領，體認到只要有想賣的熱情和賣點，東西一定能賣掉，同時學到人情世故。除了叫賣鉛筆，他另外做了三角形小型馬鐵口燈籠，請繪師在玻璃罩四個角上繪製3公分的圖案，搭配中間火炬的圖案閃閃生輝。他邊擺地攤邊捧書學習，久了，很多人都知道夜市有個「愛看書的少年」。16歲的早川憑藉上進心，後來終於也能讀報紙了。當時，每晚記一個漢字，每週上兩次夜校。夜校在淺草的本願寺後面，在那裡學了算盤、吸收知識。世界地圖、三國志、成吉思汗、愛迪生和萊特兄弟的事蹟都讓他眼界大開，學力增強。

19歲那年，深諳工欲善其事必先利其器，他先購買2台用來彎曲金屬和成型的加工沖床，設計產品。後來看電影時，在出場的小孩腰間鬆垮的皮帶中獲得靈感，於是動腦設計了不打孔就能繫緊的金屬皮帶扣「德尾扣」，得到第一個專利。接著是改造水龍頭栓，把安裝的部件從9個簡化成3個，安裝時間也從30分鐘縮短為1分鐘，取得第二個專利。之後把獲得的專利金用來批發鋼筆夾加工材料，當時日本有些國產和舶來品的鋼筆都沒附夾子，光溜溜的鋼筆很容易不見。因此為了讓鋼筆能安穩地被夾住，夾子是另外賣的。早川利用一種印刷技術，把自己描繪的水波、植物等圖案印在夾子上，增添不少設計感，而這份巧思和技術也讓他在1915年，接到一批金屬零件的訂單，大型文具批發商委託他組裝自動鉛筆，後成為發明的契機。

當時的自動鉛筆因技術不成熟，外形多以賽璐璐製造，不僅粗笨且易壞。喜歡研發的早川又開始動腦了。心想，如果能改良到像鋼筆那般實用該有多好。主意拿定後，他廢寢忘食的投入。首先，把內部原來的金屬改造成更牢固的黃銅片，接著把黃銅部件製成細管狀，在細管內側開了一條細槽溝，把筆芯穿過槽溝，形成軸心反轉後可自動伸縮筆芯的結構。完成內部後，再將外在的賽璐璐改成鍍鎳金屬，於是，輕巧好看的自動鉛筆完成了。而當他自信滿滿的把新發明拿去向文具批發商推銷時，未料被潑了一盆冷水。理由不外是金屬外軸讓人覺得冰冷或說與傳統的和服不配。

早川沒有氣餒，他對作品信心十足。銀座有家大型零售文具店「伊東屋」，他帶著6種樣品去自我推薦。店裡的大掌櫃百般刁難挑惕，但早川都不以為意，還針對大掌櫃的指摘，忠實地修改了後再帶去。每個月平均做6種新款，前後去了半年，樣品累積到了有36種。即使面對各種為難，他仍堅定地告訴自己這家大店一定要掌握，絕不能半途而廢。堅持了半年後終於獲準接見老闆。

一個下雪的年終，早川帶著樣品赴會。文具店老闆被他的自信和熱切的說明打動，當場下訂，36種樣品各訂一盒。眼看銀座名店都下單了，其他文具店和原不搭理的批發商隨後搶訂，最後海外訂單也紛沓而至。立場逆轉，讓早川體悟到不輕言放棄終能嘗到美好的果實，這是他人生第二次轉折。但事業如日中天之際，卻天有不測風雲。1923年9月1日關東大地震發生，早川的全部財產和家庭在一夜間化為烏有。「以後一有地震，我就忍不住發抖，」災害的創傷伴隨早川一生。

命運永遠充滿反諷。對早川而言，人生光明的出發，是由一名盲婦引導；在異地浴火重生的動力，源自一場讓他一無所有的天災。「我決定在大阪重振旗鼓。畢竟看慣了的隅田川橫亙眼前，卻絲毫沒有重建之力。……」在《我的想法》中，早川提及家鄉的隅田川讓他觸景傷情。

早川的傷心地隅田川全長23公里，中途和其他分支河流聚合又分散，最後注入東京灣。作家永井荷風（1879-1959年）的初期名作《隅田川》，抒情地描寫藝能人安靜恬淡的生活，讓這條河聲名大噪，明治期（1860年代）的騷人墨客也爭相吟詠，留下不少文藝作品。現在這一帶有座高600公尺的電波塔「東京天空之城」和附近的淺草，同是著名的觀光景點。

▶「中興之祖」大躍進時代

專致「創意」與「誠意」二意是早川的理念，也是夏普維持至今的社訓。戴正吳上任後寫給員工的每封信幾乎都提到。早川的女兒早川住江（早川後來生的。現年79歲，現仍健在，育有4子）

可能受到感動，在2016年11月13日打破沉寂，出面邀請戴桑到家裡敘餐，還送他一幅早川親筆寫著「以和為貴」的匾額。

早川在77歲那年交棒，公司正式更名為「夏普株式會社」。繼任的佐伯旭在位16年，有「中興之祖」之稱，活到92歲，2010年去世。相對於早川以技術起家，佐伯旭精於財務，人稱「會計鬼」（表示專精），發揮理財長才，讓公司的盈利狀況維持良好。

在位46年早川的功績是，紮穩綜合家電的根基後轉型成電子企業，而且受其志向「著眼於別人不見的獨創性」所感召，後進技術員們致力研發液晶技術，結果讓夏普脫胎換骨，升級為高科技企業。日本NHK還曾將這段經緯拍成「計畫X製作班」紀錄片。

1970年代夏普雖處在日圓升值的艱困時期，但在佐伯的領導下，無懼與電算機霸主「卡西歐計算機」競爭，陸續開發各型電子計算機，繼1964年世界首台台式計算機，1973年開發液晶計算機成功後，終於以差異化技術領先同儕。這個技術孕育了後來的元件產業（包括半導體、液晶和太陽能電池）和通信設備產業（影印機、傳真機，電腦終端機、收銀機、電子辭典、文字處理機等），是公司發展的一大助力，更成為開發液晶電視的基礎。松下電器在計算機領域敗下陣，後來還派人赴夏普取經。兩家企業各有擅長，夏普是技術先鋒，松下電器則長於銷售，提倡「自來水哲學」，主張家電產品應大量生產後便宜銷售。夏普開發產品在先，松下隨後擴大市場，早川德次不以為意，因其哲學是制敵機先：「在松下出頭以前，趕緊換新的市場」。早川是松下幸之助一生敬畏的對手和摯友，兩人惺惺相惜。

相對於東京人早川，松下是純粹的關西人；一個熱愛技術，一個天縱商才，但兩人都當過童工，不同於在政府撐腰下繁昌的汽船、石礦、不動產業等，兩人都是白手起家，憑靠自己的技術、才能和智慧撐起一片天。

松下小早川1歲，和歌山縣人，4歲時父親經商失敗，家道中落。9歲赴大阪當童工，在火盆店和腳踏車店做了6年。17歲那年在大阪電燈（現在的關西電力）公司當實習工，邂逅電器。1917年獨立，創立松下電氣器具製作所後，第一個產品是雙燈插頭，之後開始生產腳踏車車燈及家用電器等。由於及早建立全國銷售網路，贏得「銷售的松下」之名，1930年代全球經濟大恐慌，但松下電器讓員工工作半天，然後在假日出勤銷售公司產品，沒有裁員，「松下是日本是經營終身雇用的創始者，」作家堺屋太一在《創造日本的十二人》（日本を創った12人）中記述，松下活到95歲。

夏普第2任社長佐伯14歲就跟在早川身邊工作，耳濡目染下養成對危機和商機靈敏的嗅覺。後來眼見町田勝彥斥資營建龜山大廠，90高齡的他對著旁人說道：「希望對液晶的投資到龜山為止。」相對於新人町田追求壯大的夢想，舊人佐伯則看重企業的延續性。

夏普百年史記述佐伯在位時期是夏普的「大躍進時代」。非創始人卻獲高評價實屬難得。對經理人領導難以服眾一事，索尼第6任CEO出井伸之的感受極深。他在卸任後寫的《迷失與決斷》（迷いと決断）一書，對自己無法凝聚員工的向心力大吐苦水：「換了是創辦人，一句『這是董事長說的』，就能讓公司內部所有的人認可。……」

佐伯出身廣島，幼年被帶到滿洲。後來雙親和兄弟相繼身亡成為孤兒，被一個赴滿洲工作的夏普幹部帶回日本。佐伯早期有點像早川家傭傭，早川也視他如子。儘管如此，他毫無依附之心還力爭上游。大阪會計專科的學歷是靠自己半工半讀掙來。有一次，因發燒向公司請假，公司同事去探望他，只見他額頭綁著熱毛巾，在棉被裡認真地學習會計。

「好強，對工作熱情努力，單僅這一點，就比大學畢業生強，」早川看中他的幹勁和商才，29歲就提拔他當公司幹部，之後一路攀升。在創業家兼恩人身旁，佐伯行事低調謹慎，至今不見他的傳記或相關文獻即可知。而且，關鍵時刻見人心。佐伯有兩次作為讓早川備感值得信賴。1950年9月，太平洋戰爭剛結束，鑑於物資不足、國家財政緊縮、消費低迷，公司營運遇阻，但是，把員工當作家人的早川不願裁員，寧可關閉公司。佐伯聞訊力挽頹勢，在銀行和工會之間調停奔走，後來全公司約35%有200多名員工自動離職，讓公司得以存續，佐伯也拯救了公司；1970年，在千里大阪博覽會和天理工廠擇其一的爭執中，他力主投資半導體工廠，後被認為是睿智的判斷。

在業界，早川和佐伯兩人的關係常被拿來和本田技研的本田宗一郎與藤澤武夫相提並論。本田的作風明快，對事業夥伴藤澤高度信任，公司的印章和營運全交他管理，自己則專注研究開發，傳為美談。

早川在1925年4月，協同員工率先組裝日本首台礦石收音機成功，後以一個月賣掉10000台的速度席捲日本，翻轉小工廠的命運；佐伯旭承襲即知即行的精神，迅速在1970年設立佔地22萬坪堪稱世界最大的半導體工廠，開始獨力生產半導體關鍵元件，其後更在光電子元件（融合光學與電子工程學的半導體部件，可快速正確地傳輸、儲存和轉換大量訊息）上因技術領先，終使夏普脫離裝配工廠的形象，順利地轉型為綜合電子企業。

1980年代，除了電子元件、液晶，半導體也是夏普的台柱。

▶螞蟻企業與緊急項目

2016年年底，透過鴻海之手重建中的夏普宣布，將重返半導體事業。夏普的半導體事業崛起於1970年，但在1998年之後縮小。町田勝彥曾透露，夏普的半導體的事業規模曾是全球第20名，營業收益32億日圓，投資額343億日圓，佔事業整體43.8%，規模和收益都比液晶面板大。

詢問日經BP科技記者大槻智洋早期代表性產品時，他毫不遲疑地回答：「照相手機。」而照相手機就運用了自家開發的半導體關鍵零件。

儘管現代的電子產品日新月異，但在夏普過去冠有世界和日本第一榮耀的產品中，2000年10月發售的J-SH04 照相手機，似乎還留影在日本消費者和業界的記憶相簿。這支透過手機發送和展現相片功能的產品問世後，帶動後來日本手機必備數位相機功能的風氣，頗有承先啟後的意義。時間雖有些久遠且當初的團隊已解散，但不計得失大膽追求創新的研發精神，

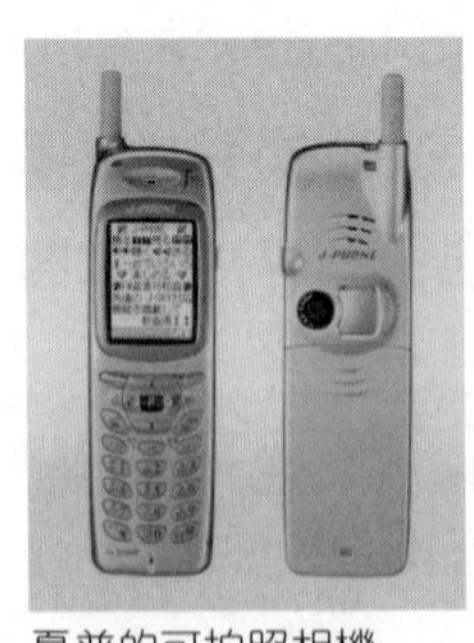

夏普的可拍照相機（取自網路）

至今仍讓人津津樂道。

1998年，夏普的手機主力產品PHS（個人手持式電話系統Personal Handy-phone System）業績下滑，當時手機開發團隊負責人山下晃司承受極大的壓力。團隊成員也寢食難安，苦思突破性創新商品。

但是，天無絕人之路。當時的日本電信業者J-HON正準備將語音服務轉為數據通訊服務，有意讓夏普開發新手機，但提出的要求是新手機的液晶面板必須較現有的款式大，而且必須能顯示更多文字。夏普團隊知道機會大好，但考驗也極大。

1999年，團隊對面板開發的問題分成兩派意見。一派主張面板要彩色；另一派則認為再加點灰色就好。彩色派成員堅持彩色更能打動用戶的心。另一派則擔心開發彩色面板風險大、技術門檻高，連資深工程師都傾向這一派。兩派人員固執己見互不退讓，無法達成共識，研發進度因而延誤。膠著狀態直到高層一名叫森弘的專務做決定後總算中止。森弘決定採納寧冒風險的彩色派意見。

研發後來出現突破是因為有個成員突發奇想。手機本來只想到換成彩色液晶面板，顯示更多文字，但是這名成員建議，不妨在手機新增大頭貼（照相貼紙機，1995年，日本推出初代照相貼紙機「PRINT CLUB1」，造成轟動並帶動潮流」）功能。構想雖創新，但要透過技術展現則困難度極高。主因是數位相機搭載的CCD（感光耦合元件 Charge-coupled Device，積體電路的一種）相當耗電，無法用在手機上。

研發團隊開始尋找解決的方法，後來決定選用CMOS（互補式金屬氧化物半導體，Complementary Metal-Oxide Semiconductor，一種積體電路的設計製程）。結果，耗電問題解決了，接著必須面對量產和噪音的問題。這時，距新手機上市的期限近逼，團隊的壓力愈來愈重。但仍然持續地進行實驗，先從良率20%開始，邊調整電路圖形、表層處理問題，再設法開發專用IC。最後終於跨越障礙推出手機。

但是產品問世後，問題又來了。液晶面板因顯示螢幕色彩之故，拍出的照片效果不理想。研發團隊再度陷入瓶頸，絞盡腦汁找尋提升畫質的方法。除設法降低CMOS感測器易受熱的問題，同時在使用說明書中提醒用戶，拍照時留意鏡頭是否乾淨。另外，為提高用戶自拍的成功率，手機鏡頭旁還加了小鏡子，以便讓用戶看到自己的表情。儘管現在的手機都可透過視訊鏡頭自拍，但山下團隊早快人一步的想法仍具革命式的創意。

創意和工藝技術都出色的夏普，後來推出紅遍全球的無邊框經典款「AQUOS CRYSTAL」，現任董事長谷川祥典是當時研發團隊負責人，他告訴日本記者創意的秘訣是：「覺得有意思、好玩，就放手去做。」

夏普這種創意、研發精神和技術力的DNA，經年累月傳承至今，被茨城基督教大學大久保隆弘教授命名為「螞蟻式」經營特色，與經營體制中獨特的「緊急項目」，一併寫進教科書中的章節。

緊急項目是一種跨部門合作富彈性的體制，於1977年啟動。針對公司緊急課題，從各事業部及研究所調度人才、籌組設備、挹注資金，組成由社長直接管理的團隊。筆者向夏普求證鴻海接管後是否仍保留，對方回覆：「沒聽說被廢除。」

除了液晶技術，最典型的案例是，1970年代為了在計算器戰爭中奪勝，曾組成「S734項目」團隊。當時，為實現COS化計算器的開發，必須在一年內，同時要完成液晶 LSI 厚膜配線等新技術。為此，召集了產業機器和綜合開發本部技術人員，組成跨部門組織，眾志成城。後又於1977年12月，針對前裝式錄影機等，一口氣推動14個緊急項目，其他像很有特色的液晶ViewCam Zaurus等商品群、世界最輕MD耳機播放器雙面演奏音響系統等，都是緊急項目的成果，映證了其他公司無法追其項背的開發能力和效率。

這模式後來變成一種制度，除了開發生產也及於營業和管理領域，成為夏普凝聚向心力的體制。夏普百年史裡記載，參與計畫的人胸前配戴公司頒發的金色徽章，十分神氣，為取得成果，不惜付出代價的氣勢瀰漫全社。而且，優點是透過成員們的交流，以及對事業化流程的掌握，也有益人才培育。

將企業定義為「螞蟻型」（儲蓄型）與「蚱蜢型」（活在當下型）的經營學者大久保推崇道：「緊急項目是夏普的企業文化，證明及早就實施組織扁平化。這種長期存續並成果豐碩的制度，是螞蟻企業的優點。」

▶崛起。明淨如水晶騷動

1998年之後，基於因內外局勢更迭，日本的半導體被韓台追上且夏普的業績開始遞減，第4任社長町田勝彥上任後宣布要做「水晶公司」，選擇液晶做台柱，期待新技術帶來流行風潮。

町田祭出水晶夢的發想不知來自何處，但「水晶」一詞曾在1980年代流行過。起因是作家中田康夫（1956年－）在1981年發表了一部名為《明淨如水晶》（なんとなくクリスタル）的小說，刻畫東京的流行事物和風俗，女主角是兼做模特兒的大學生。書中出現的名詞像品牌、精品店、音樂家、餐廳等在當時還很新鮮，只有中產程度的年輕人知道，對流行事物敏感的人因此被封為「水晶族」。

以對潮流的敏感度而言，堪稱水晶族的町田的宣言沒人看好，且讓夏普內部騷動不已。畢竟當時真空管電視仍是主流，而夏普做的3吋液晶電視尺寸也小，而且液晶技術幾乎只用來做電腦顯示器。

因此，IC事業本部的員工有3000多人。有人很不滿，還投書詢問「社長是不是哪裡搞錯了？」但是，無視員工抗議，町田叫來IC部長曉以大義，要部門今後把重點放在研發和設計，生產其次，聽完指示後，部長「垂頭」的走出社長室。IC部門受衝擊，但液晶部門也沒多開心。町田開始巡視製造面板的自家工廠，到了三重縣工廠後一看，工廠技術員非僅對製造電視無心，還為眼前電腦用14吋TFT液晶面板陷入與韓台的價格競爭而煩惱不已，滿腦子想的都是如何降低成本。町田力勸，電視是未來的家電之王，液晶電視也要做到像真空管電視般36吋才能在市場決勝負。而且，當時電腦用面板的尺寸、畫質、響應速度和視野角度還不適合做電視，必須加緊腳步才行。但技術員聽不進去，「日經商業週刊說咱們是1.5流企業，你們看呢？」町田用激將法，技術職人的自尊心強，總算願意配合。

從1969到1995年，液晶技術的研發始終沒有中斷。後來之所以成功，主要靠一群受早川信念影響的技術員。在一種自由及壓力適中的環境下，帶著不畏懼挑戰的堅定意志、好奇心和適度的玩心，發揮發現的能力。

1969年，夏普的技術員和田富夫看到NHK播放液晶顯示器的研究狀況後，確信顯示器的未來光明，又覺得同時擁有固體和液體特質的液晶很不可思議，於是興味盎然的展開研究。由於對掛牆壁的電視機（後於1991年商品化）感興趣，說服當時的產業機器事業部長佐佐木正向美國的RCA（Radio Corporation of America）討教。但RCA回以不可能，因為液晶的反應速度太慢，能用在鐘錶就已經很好了。和田沒有氣餒，向佐佐木說明未來的做法，爭取到繼續研究的機會。團隊的技術員船田文明因失誤導致液晶毀損，覺得扔掉可惜，乾脆把毀損的液晶拿來當實驗用，結果在改用交流電壓操作後發現，比一直以來的直流電壓更能讓液晶的壽命延長、反應速度更快，這才有了重大的突破。這段經緯被NHK的「計畫X製作班」報導過。

1973年，液晶電子計算機研發成功後，將技術沿用在電視上。為此，夏普啟動「緊急項目」，調度各部門人才聚焦研發，當時團隊的領導人是矢野耕三。在全員日以繼夜的努力下，世界首台14吋TFT彩色液晶顯示器在1988年公諸於世，震驚業界。

之後，相繼推出100吋大畫面液晶投影機及帶彩色液晶取景器的照相一體機、8.6吋TFT彩色液晶掛壁電視機等，液晶產值也從1986年89億到1993年1800億日圓，成長了20倍。隨後30吋、37吋電視的銷售台數衝到100萬台。

逐水晶夢成真是町田在任的重要業績。町田是四國德島人，父親是學者但祖父從商，是肥料商人。他出身京都大學農學系，娶了大學同學，也是佐伯旭的長女後，曾在乳業公司工作。1969年進早川電機後自願做業務。日本記者不知他是佐伯的女婿，跑去他家要採訪，但怎麼看門牌都不是他的名字，直繞到廚房後看到「町田」的名牌，謎團才揭曉。在登上社長寶座以前，町田是個沒有臉的人。

不知道是否與此有關，上台後，他特別感受夏普是個「沒有臉」的公司。1999年，夏普的品牌力在同業中排行第7，「讓液晶電視做夏普的臉吧，」是町田的悲願。

於是，找來被譽為國民偶像的知性女星吉永小百合當代言人。「20世紀的回憶，21世紀的獻禮」是當時的文宣詞，電視裡，厚重的真空管電視機被緊裹在包袱放置一旁，表示是20世紀的回憶。鏡頭再轉向身穿紫藍小白花和服的吉永小百合，只見她把夏普的薄型液晶電視機輕放在膝上，優雅柔聲地說道：「這是21世紀的獻禮。」廣告從20世紀最後一年2000年元旦起連續四天集中播放，讓消費者留下深刻的印象，現在在 Youtube 還看得到這段廣告。

紐約美術館收藏的夏普液晶電視機

2001年，夏普推出20吋、15吋和13吋的液晶電視，取名「AQUOS」（Aqua（水）+ Quality（品質），以後夏普所有液晶電視一概稱之）系列。以節能、易搬動、影像鮮明、使用壽命長為由，宣揚性能超過真空管和顯像管電視機。還找來產品設計師名家喜多俊之

（1969年－）重新設計形象。這台形狀呈四角型、左右兩邊有圓形揚聲器，顛覆既往形象的電視機，後被紐約美術館收藏，展示至今。

緬懷夏普漫長的100年社史中美好的同時，已長眠的夏普創辦人早川對一手創立的公司被國外企業收購，地下有知，不知作何感想？但從一件事知道他豁達溫厚。1970年代，夏普在電子計算機領域領先對手松下電器，松下新任社長山下俊彥差人前來請益，「那不是給敵人送鹽嗎？」夏普的幹部紛紛反對。早川說道：「想學就教吧。如果因為這樣輸了，表示咱們也不過如此而已。」後來派電子工學專家佐佐木正赴會，在數百名松下技術員面前演講。

早川在1980年6月24日凌晨12時20分因腦梗塞去世，在自宅守靈開始前第一個飛奔弔問的是86歲的松下幸之助，「連走上玄關看起來都很吃力，但是松下先生在秘書的攙扶下比誰都到得早，」早川住江這句話為兩人的友情做了註腳。這段話引述自作家平野隆彰《創造夏普的男人》（シャープを創った男）一書。

早川在退休前一年，用個人財產為大阪的青少年營建了「大阪市立阿倍野青年中心」（現為「桃池公園市民活動中心」）。之前先於1937年開設「早川商工青年學校」（為工廠失學的青年員工而辦，現已不存在，何時停辦不明）。1944年開設讓失明軍人勞動的「早川電機分工廠」，後解散，再於1950年成立專雇用盲人與身心障礙者的「合資公司特選金屬工廠」（現在是「夏普特選工業株式會社」）。1954年在大阪西田邊開設育德園保育所（現為社會福利法人「育德園」），專給夫妻倆都在工作和身體障礙者的孩子就讀，於1983年遷至阿倍野區（擴充為育德園保育所、育德園孩童之家、特別養護老人院及高齡者日照中心）。1962年設立「大阪市立早川福利會館」，提供會議場所，附點字和錄音圖書室，現仍存在。

「幸福是一種借貸，每一個人都受別人和社會的恩惠而活，非憑己力」是在「育德園」網頁可以看到的遺言。行善不落人後，是一種償還。此外，他也喜歡談積蓄（五種積蓄：信用、資本，服務、人才、客戶），自認所有前半人生的欠缺都藉由實踐了5種積蓄，而在後半生轉化成有形的資產彌補了過來。早川終生堅持勞動是為了社會，替事業樹立了企業公民（企業社會責任，簡稱CSR，Corporate Social Responsibility）的典範。基於其對社會福利和文化的貢獻不遺餘力，日本政府頒贈他藍綬褒章，又因對國家和公共事務有功，另授予勳三等瑞寶章、勳二等瑞寶章等榮譽。

不僅創造的眼光獨到，創辦人的人格特質也影響了夏普。因此，這樣的夏普和鴻海結盟後能發揮所長嗎？結盟的綜效和挑戰各是什麼？夏普會改變嗎？是下一章的重點。

應用仿生科技的夏普產品

【Box1】

技術名稱			採用商品	採用組件	發售日	確認成效
生物模仿	應用鳥類羽翼平面形狀：螺旋風扇	信天翁 金鵰	日本內銷冷氣	室外機風扇	2008/11/15	耗電量減少20%、 風扇輕量化提高18%
			日本外銷冷氣	室外機風扇	2009/2/1	電力降低30~40%、風扇重量減少30~50%馬達重量減少50%、 成本減少600日圓
			HEALSIO水波爐	冷卻風扇	2011/8/25	靜音時:製品噪音少4分貝、 風扇噪音少8分貝
		信天翁	3D清淨循環機（循環風扇）	風扇外緣部	2012/5/18	風距離10m、聚風/擴散風功能並存
		雨燕	吹風機	風扇	2012/9/20	靜音時:製品噪音少7分貝、 風扇噪音少3分貝
	應用蜻蜓翅膀橫切面形狀	橫流風扇	冷氣室內機	室內機風扇	2010/12/10	耗電量減少30%、 使用達高峰時音量少7分貝
			加濕空氣清淨機	離子釋放風扇	2011/11/10	約$35m^2$室內，自動除菌離子濃度25000個/cm^3 靜音時噪音減少4分貝
		多翼風扇		空氣清淨風扇		吸塵速度提升20%、靜音時噪音減少2分貝
			美肌清淨扇風機（直立型空氣清淨＋電風扇）	製品下方內藏風扇	2012/5/15	約$20m^2$室內，自動除菌離子濃度40000個噪音減少7分貝、 被吹的感覺50%風到達的距離200%
	應用蝴蝶（青斑蝶）翅膀：電風扇葉片		高擺頭室內電風扇	風扇葉片外緣腰縮處 風扇葉片內側波浪狀	2012/5/18	風速分布傾斜1/159、 風速不均1/39 均一性提升，舒適性因而大幅提升
			3D風扇（循環型）	風扇葉片內側波浪狀	2012/5/18	風到達的距離10m、聚風/擴散風功能並存

類別	啟發		產品	部位	日期	效果
生物模仿	應用貓科動物舌頭表面構造：氣旋式垃圾壓縮葉片		氣旋式吸塵器	氣旋式集塵杯內的垃圾壓縮葉片	2011/10/20	製品的垃圾壓縮率1/15化約40天不清理垃圾，吸力仍持續
	應用海豚尾鰭、皮膚皺褶：迴轉盤		直立型洗衣機	迴轉盤	2011/9/15	洗淨力115%、氣穴現象減少30%、省水2公升
	應用企鵝翅膀、魚群環繞現象：電子飯鍋攪拌葉片		HEALSIO 電子飯鍋	攪拌葉片	2012/10/1	與手洗米相比，對米的損傷減少50%營食素提升20%、甜味成分提升30%
	應用齒鯨類（海豚、虎鯨、抹香鯨等）的回聲定位		機器人吸塵器 COCOROBO	障礙物迴避系統	2012/6/7	感測到紅外線無法感測的玻璃及黑色家具等物品後迴避
	應用向日葵種子的排列：洗淨提升技術		滾筒洗衣機	前門玻璃	2012/11/1	洗淨力110%、氣穴現象減少50%、洗衣時間縮短25%
	應用蛾眼（Moth Eye）凹凸構造：反射防止膜技術		液晶電視 AQUOS	液晶面板表面張貼的薄膜	2012/11/30	反射率0.1%以下電視明暗的對比，1000萬：1
自然模仿	從颱風渦流獲得的啟發：渦流送風、散熱技術	散熱用	高處懸掛燈	散熱用渦流風扇	2011/12月底	壽命提升150%化、輕量化70%耗電量少10%、成本減少1800日圓
		離子散布用	附PCI天花板燈	送風用渦流風扇	2012/12/14	約23m²室內，自動除菌離子濃度7000個/cm³
			附PCI廚房燈		2013/4/19	約10m²室內，自動除菌離子濃度7000個/cm³
	從河水流動獲得的啟發：粉化熱交換技術		外銷冷氣（日本以外）	室外熱交換系統（熱交換器、風扇配置）	2012/2/1	熱交換器面積縮減40%散熱量提升30%、成本減少500日圓
	從太陽與人類的關連性獲得的啟發：夕陽光照明技術		櫻花色（淡粉紅色）LED 照明 天花板燈、廚房燈	光對生物體的效果實證	2012/3/16	療癒&舒眠支援 取得「療癒舒適認證標章」

※1：PCI，自動除菌離子濃度

※2：「療癒舒適認證明標章」（癒し快適エビデンス応援マーク），由「舊OHS協議會（大阪健康科學協議會）」頒發的認證標章，該協會已於2012年解散。目前類似機構為關西「健康科学商業推進機構」"

資料來源：夏普技報第105號/2013年7月「生物模倣応用による家電製品の価値創造」（大塚雅生、公文ゆい）（詹琇雯整理）

夏普年表（1912~2016年，重要事件）【Box2】

1912	・創業者早川德次發明金屬皮帶扣「德尾扣」。取得實用新型專利。 ・東京市本所區松井町（現在的東京都江東區新大橋）創立金屬加工業（9月15日）。
1914	・搬遷至東京市本所區林町（現在的東京都墨田區立川）。 ・購入1馬力馬達。
1915	・發明早川式自動鉛筆（取名Sharp的自動鉛筆，後成為品牌名），開始出口歐美。 ・成立早川兄弟商會金屬文具製作所。
1920	・在押上（現在的東京都墨田區八廣）開設分工廠。
1923	・工廠在關東大地震中全部燒毀。 ・早川兄弟商會解散。在大阪東山再起。
1924	・在大阪府東成郡田邊町（現在的舊總公司地址）成立早川金屬工業研究所。
1925	・日本第一台國產礦石收音機組裝成功，開始量產銷售。 ・在大阪市西區開設「靭」營業所。
1926	・向中國、東南亞、印度、南美出口收音機及零件。 ・在東京市本所區林町的工廠舊址開設東京辦事處。 ・收音機生產採標準作業系統。
1927	・在九州和上海舉辦夏普收音機展覽會。
1929	・交流式真空管收音機發售。
1930	・早川所長赴香港考察。 ・在收音機中附「故障通知單」。請零售店報告故障內容。
1931	・在香港開設代理店並安排派駐人員。
1934	・開設上海辦事處。 ・建造平野工廠。
1935	・成立株式會社早川金屬工業研究所，為法人組織。登記資本額30萬日圓。

1936	・間歇式傳送帶開始營運。 ・將橫濱馬達零件製作所株式會社收入旗下。 ・公司更名為早川金屬工業株式會社。 ・在台北、漢城開設辦事處。
1937	・早川商工青年學校開校。
1942	・公司更名為早川電機工業株式會社。
1943	・總公司事務所完成。
1944	・開設早川電機分工廠。 ・在大阪府和泉町（現在的和泉市）開設和泉工廠（1948年變賣）。
1945	・在京都市下京區（現在的南區）開設京都工廠（1947年變賣）。
1946	・成立工會。 ・被指定為「特別會計會社」。
1948	・成立夏普商事株式會社。
1949	・特別會計會社的指定解除。 ・在大阪證券交易所上市股票。
1950	・失明者工廠法人化，成立合資公司特選金屬工廠。 ・發表「5種積蓄」。
1951	・電視機試作成功。
1952	・針對銷售店的資訊雜誌《SHARP NEWS》（夏普新聞）創刊。 ・為電視機和收音機做宣傳的服務車完成，日本全國巡迴。 ・與美國RCA公司（Radio Corporation of America）進行電視機技術合作。 ・為加強大型代理店、銷售店的合作，在日本全國成立「夏普會」。
1953	・日本首台電視機〈TV3-14T〉正式開始量產。
1954	・在總廠（現在的田邊工廠）內建造電梘機工廠竣工，設置無限傳送帶裝置。 ・開設育德園保育所。
1955	・制定公司內部標準規格 HS（HAYAKAWA Standards：早川標準）。
1956	・讓營業部門獨立，成立夏普電機株式會社。 ・總公司大樓竣工。 ・在東京都台東區建造東京支店大樓竣工。

1957	・成立東京夏普月販株式會社。其後在日本全國各地成立夏普月販。 ・在大阪市東住吉區（現在的平野區）建造平野第2工廠竣工。 ・晶體管收音機發售。 ・成立研究所。
1958	・社內報「窗」創刊。 ・夏普電機株式會社合併「早川電業株式會」。 ・夏普商事與專賣代理店 QRK 商會合併，成立大阪夏普銷售株式會社（此後開始著手成立地區銷售公司）。 ・夏普友店（Sharp Friend Shop）制度啟動。另在日本各地組織 ・夏普友店會。
1959	・開始研究開發太陽能電池。 ・八尾工廠竣工，體制完善。成為綜合家電製造廠商。 ・與聲寶公司、樂聲公司等簽訂代理店合約，在東南亞積極打造銷售網。
1960	・在大和郡山工廠（現在的奈良工廠）建造第1工廠竣工。 ・成立早川電機工業健康保險組合。 ・總公司導入 IBM 電子計算機。
1961	・中央研究所竣工。
1962	・第一家海外銷售公司 Sharp Electronics Corporation（SEC）在美國成立。 ・業務用電子微波爐〈R-10〉開始量產。 ・早川社長出資設立「大阪市立早川福祉會館」。 ・在高野山設立早川電機供養廟（現在的夏普供養廟）
1963	・成立大阪夏普服務株式會社。 ・導入公司事業部制。成立無線、電化，產業機器三個事業部。 ・建設夏普東京商品中心。
1964	・世界首台全晶體管台式電子計算機「Compet」〈CS-10A〉發售，奠定綜合電子製造廠商的基礎。 ・設置太陽能電池量產線。
1965	・為強化物流網，展開「70作戰」。 ・ATOM 隊成立。
1966	・轉盤式家用電子微波爐〈R-600〉發售。

1967	・為紀念創業55周年，舉辦「夏普夢想慶祝活動技術展」等 活動。 ・廣島工廠竣工，從事晶體管收音機量產。 ・吸收夏普電機株式會社，併入「早川電機工業株式會社總部」。 ・在美國統治下的沖繩，成立沖繩夏普電機株式會社。
1968	・在西德成立當地銷售公司 Hayakawa Electric（Europe）GmbH（HEEG）。 （1970年公司更名為Sharp Electronics（Europe）GmbH（SEEG））。 ・舉辦首屆經營基本方針發布會。 ・栃木工廠竣工，從事彩色電視機量產。 ・在日本全國成立夏普合作中心。
1969	・展開 MI（Morale Image）宣傳活動。 ・與美國 North American Rockwell Corporation 和 LSI 技術合作。 ・早川社長出資成立「大阪市立阿倍野青年中心」。 ・在東京、大阪、名古屋成立夏普辦公設備銷售株式會社。 ・在英國成立銷售公司 Sharp Electronics（U.K.）Ltd.（SUK）。 ・開發砷化鎵負阻發光二極管（GND）。 ・發售採用 MOS LSI 的計算器「Micro Compet」〈QT-8D〉。
1970	・公司更名為夏普株式會社。 ・夏普精機株式會社成立。 （1994年公司更名為夏普 Manufacturing Systems 株式會社）。 ・佐伯旭專務就任社長，早川德次社長就任董事長。 ・夏普綜合開發中心竣工。 ・實施事業本部制。 ・砷化鎵雙色發光二極管發售。
1971	・在澳洲成立銷售公司 Sharp Corporation of Australia Pty Ltd.（SCA）。
1972	・首台影印機發售。 ・成立新銷售公司體制。 （以地域為單位，將日本全國各地銷售公司整合成16家）。 ・開始 COS 化計算機開發計畫（S734）。 ・新設夏普大獎，定期表彰。 ・在日本全國9家專業服務公司內開設「客戶諮詢窗口」。 ・成立夏普 System Product 株式會社。 ・組成夏普員工控股公司。

1973	・制定經營理念、經營信條、經營基本方針。 ・設置財產累積儲蓄制度。 ・在韓國成立生產公司 Sharp Data Corporation（SDA）。 （1984年公司更名為 Sharp Korea Corporation（SKC））。 ・開始生產 C-MOS LSl，發售 COS 化袖珍液晶顯示計算器〈EL-805〉。
1974	・舉辦首屆全公司 QC 小組大會。 ・舊夏普東京大廈（東京市谷大廈）竣工。 ・在加拿大成立銷售公司 Sharp Electronics of Canada Ltd.（SECL）。 ・在馬來西亞成立生產公司 Sharp Roxy Corporation（Malaysia）Sdn. Bhd.（SRC）。 （2008年公司更名為 S&O Electronics（Malaysia）Sdn. Bhd.（SOEM））。 ・發展 ELM 商品。 ・制定全公司 SS（SHARP Corporation Standards）。
1975	・開始在澳洲 SCA 生產彩色電視。
1976	・新生活產品戰略開始。 ・太陽能電池被搭載於實用電離層觀測衛星「UME」上。
1977	・成立夏普 System Service 株式會社。 ・啟動「緊急項目」。 ・合資公司早川金屬特選工廠被認定為夏普株式會社的特例子公司。
1979	・在瑞典成立銷售公司 Sharp Electronics（Svenska）AB（SES）。 （2000年公司更名為 Sharp Electronics（Nordic）AB（SEN））。 ・美國 SEC 的生產事業部 Sharp Manufacturing Company of America（SMCA）投產。 ・成立 SBC Software 株式會社。
1980	・發布營業額目標1兆日圓。 ・夏普社友會成立。 ・新商業戰略、新商業模式運動開始。 ・早川德次會長辭世。 ・成立夏普 Business 株式會社。 ・在馬來西亞成立生產公司 Sharp-Roxy Electronics Corporation（M）Sdn., Bhd.（SREC）。（2009年吸收併入 SMM）。

1981	・成立夏普家電株式會社。 ・奈良、新庄工廠（現在的葛城工廠）竣工。 ・建設 EL 顯示器量產工廠（1983年正式投資生產）。 ・開發 VSIS 結構之半導體雷射器。
1982	・在菲律賓成立生產、銷售公司Sharp（Phils.）Corporation（SPC）。 ・成立夏普金融株式會社。 ・與美國 ECD 公司合併成立夏普 ECD Solar 株式會社。 ・夏普多網路系統運行。 ・合資公司「早川特選金屬工廠」改組為「夏普特選工業株式會社」。
1983	・成立夏普 Engineering 株式會社。 ・EL 顯示器被搭載在太空梭上。
1985	・英國 SUK 的生產事業部 Sharp Manufacturing Company of UK（SUKM）投資生產。 ・在中國的北京市和上海市舉辦夏普綜合技術展示會。 ・在馬來西亞成立生產基地 Sharp-Roxy Appliances Corporation（M）Sdn. Bhd.（SRAC）成立。（2002年停產）。 ・在馬來西亞成立銷售公司 Sharp-Roxy Sales and Service Company（M）Sdn. Bhd.（SRSSC）。 ・生活軟體中心成立。 ・福山工廠竣工。 ・成立夏普 Trading 株式會社，專門從事進口業務。 ・3英吋液晶彩色電視機試作成功。
1986	・「新電化大樓」在八尾工廠內完成。 ・在瑞士成立銷售公司 Sharp Electronics（Schweiz）AG（SEZ）。 ・在奧地利成立銷售公司 Sharp Electronics GmbH（SEA）。（2004年併入 SEEG，成為 SEEG 奧地利支店）。 ・在新加坡成立銷售公司 Sharp-Roxy Sales（Singapore）Pte., Ltd.（SRS）。 ・在西班牙成立生產銷售公司Sharp Electronica España S.A.（SEES）。（2011年停產）。 ・辻晴雄專務就任社長，佐伯旭社長就任會長。 ・在台灣成立生產公司，夏普電子股份有限公司（SET）（2010年清算）。 ・液晶事業部成立。

1987	・成立夏普 Electronics 銷售株式會社。 ・在泰國成立生產公司 Sharp Appliances（Thailand）Ltd.（SATL）。 ・在新加坡成立配套零件供應公司 Sharp Electronics（Singapore）Pte., Ltd.（SESL）。 ・佐伯旭會長就任顧問董事。 ・在香港成立銷售公司 Sharp Roxy（Hong Kong）Limited（SRH）。
1988	・宣傳活動船「夏普哥倫布號」在日本全國巡航18個月。 ・在紐西蘭成立銷售公司 Sharp Corporation of New Zealand Ltd.(SCNZ)。 在英國成立生產公司 Sharp Precision Manufacturing（U.K.）Ltd.（SPM（U.K.））成立。（2010年清算）。 ・導入社內公募制度。 ・與荷蘭 Philips 公司共同開發光學雷射單位。 ・公司目標是「成為以光電技術為支柱的綜合電子企業」。 ・14吋 TFT 彩色液晶試作成功。
1989	・在法國成立生產公司 Sharp Manufacturing France S.A.（SMF）。 ・在泰國成立銷售公司 Sharp Thebnakorn Co., Ltd.（STCL）。 （2007年公司更名為 Sharp Thai Co., Ltd.（STCL））。 ・在印度成立生產銷售公司 Kalyani Sharp India Limited（KSIL）。 （2005年公司更名為 Sharp India Limited（SIL））。 ・在馬來西亞成立 Sharp Manufacturing Corporation（M）Sdn. Bhd.（SMM）。
1990	・在台灣成立銷售公司夏寶股份有限公司（SCOT）。 ・在英國牛津成立夏普歐洲研究所 Sharp Laboratories of Europe, Ltd.（SLE）。 ・液晶事業本部成立。 ・SUKM 因對英國出口振興的貢獻獲得「1990年度出口與技術業績的女王獎」。 ・在英國倫敦成立金融子公司 Sharp International Fianace（U.K.）Plc.（SIF）。 ・在法國成立銷售公司 Sharp Burotype Machines S. A.（SBM）。 （1991年公司更名為 Sharp Electronics France S. A.（SEF））。

	‧在義大利成立銷售公司 Sharp Electronics（Italia）S.p.A.（SEIS）。 ‧全公司小集團活動統一名稱確定為「SHARP CATS（Creative Action Teams）活動。 ‧引進育嬰假制度。 ‧單體銷售額達1兆日圓（1989年度）。
1991	‧在荷蘭成立銷售公司 Sharp Electronics Benelux B. V.（SEB）。 ‧TFT彩色液晶工廠（NF-1）在夏普綜合開發中心投產。
1992	‧在台灣成立電子零件銷售公司、夏普光電股份有限公司（SECT）和IC設計開發公司，夏普技術台灣有限公司（STT）。（STT於2007年清算）。 ‧與美國英特爾公司（Intel Corporation）開啟快閃記憶體事業合作。 ‧成立夏普 Live Electronics 銷售株式會社。 ‧在中國成立生產公司，上海夏普空調機器有限公司（SSAC）。 （1994年公司更名為上海夏普電器有限公司（SSEC））。 ‧夏普東京幕張大廈竣工。 ‧在泰國成立 STCL 生產事業部 Sharp Thebnakorn Manufacturing（Thailand）（STTM）。
1993	‧福山工廠導入0.6 μ m製程的工廠投產。 ‧在中國成立生產公司，夏普辦公設備（常熟）有限公司（SOCC）。
1994	‧開發業界首台反射型TFT彩色液晶顯示器。 ‧在中國成立生產公司，無錫夏普電子元器件有限公司（WSEC）。 ‧在印尼成立生產公司，P. T. Sharp Yasonta Indonesia（SYI）和銷售公司 P. T. Sharp Yasonta Antarnusa（SYA）。 （2005年合併公司更名為 P. T. Sharp Electronics Indonesia（SEID））。
1995	‧在美國成立夏普美國研究所 Sharp Laboratories of America, Inc.（SLA）。 ‧在印尼成立半導體生產公司 P. T. Sharp Semiconductor Indonesia（SSI）。 ‧三重工廠投產，從事液晶量產。 ‧在馬來西亞成立複合事業公司 Sharp Electronics（Malaysia）Sdn. Bhd.（SEM）。
1996	‧在中國成立生產公司，南京夏普電子有限公司（NSEC）。 ‧網際網路首頁正式開始營運。

1997	・日本國內所有生產事業所取得「ISO 14001」認證。 ・在中國成立生產公司，上海夏普模具工業控制系統有限公司（SSMC）。 ・在墨西哥成立生產公司，Sharp Electronica Mexico S.A. de C.V.（SEMEX）。 ・環境安全本部成立，開展「3G-1R戰略」。 ・導入日本國內綜合物流系統。
1998	・在杜拜成立銷售公司 Sharp Middle East Free Zone Establishment（SMEF）。 ・與株式會社半導體能源研究所，合作開發世界首創的連續晶粒矽（CG Silicon：Continuous Grain Silicon）技術。 ・世界首創開發CSP封裝並開始量產。 ・成立夏普 Document Systems 株式會社、夏普 Amenity Systems 株式會社。 ・町田勝彥專務就任社長，辻晴雄社長就任顧問董事。 ・制定夏普企業行動標準和行動指針。 ・成立夏普 Electronics Marketing 株式會杜。 ・宣布「2005年止，將真空管電視機全部換成液晶電視機」。
1999	・資訊服務事業「夏普空間城（Sharp Space Town）」開始。 ・開發可實現超高音質播放1比特放大器枝術。 ・在韓國成立銷售公司 Sharp Electronics Inc. of Korea（SEI）。 ・在印度成立軟體開展公司 Sharp Software Development India Pvt. Ltd.（SSDl）。 ・開始發行「環境報告書」。
2000	・液晶電視機廣告宣傳詞「20世紀的回憶，21世紀的獻禮」。 ・在中國成立銷售公司夏普電子元件（上海）有限公司（SMC）。（2003年公司更名為夏普電子（上海）有限公司（SES））。 ・在印度成立銷售公司 Sharp Business Systems（India）Limited（SBI）。 ・太陽能電池生產量達世界首位。到2006年連續7年世界第一。

2001	・搭載 ASV（Advanced Super-V）液晶的電視機發售。 ・與日本IBM株式會社合併，成立 SI Solutions 株式會社。 ・關西 Recycling Systems 株式會社投產（1999年成立）。 ・在英國成立手機開發基地 Sharp Telecommunications of Europe, Ltd.（STE）。 ・開設「可用性實驗室」。 ・成立統一諮詢窗口「綜合呼叫中心」（客戶諮詢中心）。 ・設置業務風險管理（BRM）委員會。
2002	・與 EL ARABY 公司（埃及〕開展空調事業合作。 ・三原工廠開始投產。 ・2D/3D可切換顯示的液晶顯示器實用化成功。
2003	・修訂夏普企業行動標準和行動指標，制定夏普企業行動憲章。 ・「夏普綠色俱樂部」（SGC）成立。 ・在墨西哥 SEMEX 開始生產「AQUOS」。 ・在中國成立家電產品研究開發中心。 ・建設系統液晶專用的三重第3工廠。 ・小集團活動改名為「R-CATS 活動」，開展獨創活動。 ・成立 CSR 推進室。 ・開發反射、透過兩用移動 Advanced Super-V 液晶。
2004	・戰略經營管理系統「eS-SEM」開始。 ・龜山工廠開始生產。 ・在中國成立生產公司，夏普科技（無錫）有限公司（STW）。 ・在東京、名古屋、大阪開設「AQUOS PLAZA」，專業從事大型「AQUOS」的修理業務。 ・發布環境願景「2010年成為化地球溫暖化為零的企業」（於2008年度達成）。
2005	・參加「TEAM MAINUS 6%」，全公司推進「清涼商務」和「溫暖商務」。 ・在中國成立銷售公司，夏普商貿（中國）有限公司（SESC）。

	・夏普米子株式會社成立。 ・在泰國成立生產公司 Sharp Manufacturing（Thailand）Co., Ltd.（SMTL）（STTM 改組）。 ・制定夏普集團企業行動憲章、夏普行動規範。 ・桌上電子計算器獲得「IEEE 里程碑」認定。
2006	・在波蘭成立生產公司 Sharp Manufacturing Poland Sp. zo. o.（SMPL）。 ・龜山工廠獲第八屆日本大獎「經濟產業大臣獎」。 ・與「民間非營利組織（NPO）氣象解說員網路」合作，推廣小學環保教育。
2007	・片山幹雄專務就任社長、町田勝彥社長就任董事長。 ・在俄羅斯成立銷售公司 Sharp Electronics Russia LLC.（SER）。 ・將德國 SEEG 分成家電、資訊、太陽能發電系統這三家銷售公司。 ・開設富山事業所，生產太陽能電池矽材料。
2008	・引進執行董事制度。 ・新設健康·環境系統事業本部。 ・夏普株式會社的全部公司取得「Privacy Mark」認證。 ・發布太陽能電池事業方針，目標「整體解決方案企業」。
2009	・在越南成立銷售公司 Sharp Electronics（Vietnam）Company Limited（SVN）。 ・發布新環境願景「Eco-Positive企業」。 ・液晶面板工廠在綠色前線 堺工廠開始生產。
2010	・佐伯旭最高顧問（第2任社長）辭世。 ・成功開發高效率太陽能電池「BLACK SOLAR」。 ・太陽能電池工廠在綠色前線 堺工廠生產。 ・太陽能電池事業獲得「IEEE 里程碑」認定。 ・在墨西哥成立銷售公司 Sharp Corporation Mexico, S.A.de C.V.（SCMEX）。 ・在義大利成立獨立發電事業公司 Enel Green Power & Sharp Solar Energy S.r.l.（ESSE）。 ・在義大利成立生產公司 3Sun S.r.l.（3Sun）。 ・在中國成立設計開發公司，夏普電子研發（南京）有限公司（SERD）。 ・將美國太陽能發電設備開發公司 Recurrent Energy, LLC 收為子公司。

2011	・在中國成立研究公司，夏普高科技研發（上海）有限公司（SLC）。 ・在泰國成立太陽能發電站維護事業公司 Sharp Solar Maintenance Asia Co., Ltd.（SSMA）。 ・在巴西成立銷售公司 Sharp Brasil - Comércio e Distribuição de Artigos Eletrônicos Ltda.（SBCD）。 ・在中國成立地區總部，夏普（中國）投資有限公司（SCIC）。
2012	・奧田隆司常務執行董事就任社長，片山幹雄社長就任會長。 ・採用氧化物半導體（IGZO）的液晶面板開始量產。 ・在英國成立歐洲地區總部 Sharp Electronics（Europe）Limited（SEE）。 ・東京支社搬遷至 Seavans Building（東京都港區芝浦）。 ・創業100周年。 ・發布與美國高通公司（Qualcomm, Inc.）資本合作，次世代 MEMS Display 共同開發。
2013	・重組及合併國內銷售公司，成立法人「夏普商務解決方案株式會社」（SBS），太陽能及能源關聯事業名稱則變更為「夏普能源解決方案株式會社」（SESJ）。 ・與三星電子在液晶事業領域強化合作，與日本法人三星電子日本株式會社資本合作。 ・芙蓉綜合租賃株式會社和共同出資的 CRYSTAL CLEAR SOLAR，展開在大阪等日本國內實施太陽能發電所之商業營運。 ・開始生產針對筆記本電腦的IGZO液晶面板。 ・在泰國建設太陽能發電所。 ・高橋興三副社長營運總監為社長，奧田隆司社長就任為會長。 ・簽訂 OSRAM GmbH 和 LED 及半導體雷射光束關聯專利的 Cross-licensing 契約。 ・在印尼 Karawang 縣生產白色家電的新工廠開始生產。 ・與株式會社電裝公司分工合作，並和株式會社 Makita、株式會社 LIXIL 資本業務合作，3家公司實施由第三者分配額的新股票發行。 ・實施公募增資。 ・搭載自動除菌離子淨化技術「Plasmacluster」商品，世界累計銷售達成5000萬台。

2014	・自國產第1號計算器銷售已邁入第50週年。 ・開發能對應各種需求的「自由形式顯示器」（Free Form Display）。 ・「電視機用14吋TFT液晶顯示器」被認定「IEEE里程碑」獎。 ・在日本最高的超高層複合大樓「阿倍野 HARUKAS」（大阪市阿倍野區），設立解決方案建議型的多目的空間。
2015	・水嶋繁光副社長營運總監就任為董事會長。 ・藉由向株式會社瑞穗銀行、株式會社 UFJ 菱銀行、Japan Industrial Solutions 株式會社發行優先股，實施資本增強。 ・讓FFD（Free Form Display）進化，重新開發「曲面型 FFD」等。 ・芙蓉綜合租賃株式會社和共同出資的CRYSTAL CLEAR SOLAR，擴展北海道等區域，開始太陽能發電所的商業營運。 ・業界首次開發及銷售相當8K顯示效果之4K液晶電視機「AQUOS 4K NEXT」和電氣無水鍋「HEALSIO HOTCOOK」、「DC混合空調」等產品。
2016	・發表針對日本國內銷售不用藥劑即可輕鬆捕蚊的 Plasmacluster「空氣清蚊機」。 （亞洲則自2015年9月開始販售）。 ・發布與鴻海精密工業股份有限公司之戰略合作。 ・東京證券交易所將本公司自東證一部調至東證二部。 ・總公司自大阪市（大阪市阿倍野區長池町22-22）遷移至堺市（堺市堺區匠町1番地）。 ・根據第三者分配額，由鴻海精密工業股份有限公司發行約3888億日圓之新股票。 ・戴正吳（鴻海科技集團副總裁）就任社長，開始新的經營體制。

資料來源：夏普（黃丹青整理）

遺德留芳，早川德次的慈善事業　【Box3】

育德園是早川另一種愛情的表現，原是他嚮往親情的具體實踐，現在更擴及至為老人服務。

從大阪的西田邊車站第3號出口，10分鐘內就能走到育德保育所。保育所的老師們下班得很晚，要等院童在外工作的家長接他們回家。在天色微黑的6月底傍晚，透過黃色橢圓形的街燈看得到柵欄牆內辦公室的燈還亮著。辦公室外的露天小操場有溜滑梯和簡單的遊戲道具。對面是三層樓的育德會館，從門牌知道1樓是早川紀念館；2樓是交流中心，有畫廊、研修室和會議室；3樓寫著「孩童之家」。從日本網頁上知道理事長是早川良次，直覺應該是早川住江的兒子、早川的孫子。早川的遺志仍被家人如實地履行著。2017年1月22日，早川的兩個孫子和曾孫特地來台灣參加鴻海的尾牙。

早川曾在辦公室的角落裡，放了一個寫著「微笑」兩字的存錢筒。他把演講費、稿費、交通費等公司以外的所得存進去，錢都用做社會福利事業，這個習慣持續了20多年。原本是個隱密的善意，有人知道了，帶著100萬日圓前來說要捐給北海道。早川後來買了200台收音機捐給沒有燈的北海道偏鄉。

對福利事業的關注溯於1950年代。1952年，早川赴美與美國無線電公司RCA洽談電視機合作事宜後，就順道考察美國的福利事業。後來在女兒讀短期大學2年級時，相偕於暑假赴歐美和泰國考察福利設施，在瑞士看到一家專賣身障者做的工藝品時，對歐美看重障礙者所具能力的進步觀念，深受啟發。住江受父親影響，決定專攻社會福利，進了大阪府立社會事業短期大學（現大阪府立大學社會福利事業）深造，曾任育德園園長。

早川晚年喜歡下象棋，段術頗高。和他對弈輸掉的人，罰錢必須投進微笑存錢筒，如果自己輸了，更加倍投進罰款。

即使是娛樂，他也不忘發明。曾特別替盲人製造「不動盤」棋盤，送給盲人象棋社團。他首先找來金屬模具，在鋁板上開洞做了81個格子後，再用釘子把鋁板貼在與棋盤同樣大小的板子上，送給盲人的象棋社團。盲人邊嘴裡說著棋譜，邊用手撫摸棋子，但不動棋子。不管贏或輸，盲人都不用動旗子，所以叫不動盤。早川用錄音機錄下下棋的規則和關鍵手法，讓盲人可透過聲音學習。因為有盲人下棋贏了一般人，早川興奮地說道：「做了，就做得到。實在是好榜樣。」

1949年，早川當選大阪府身體障礙者協議會會長，主因是率先為失明的軍人成立早川電機分工廠，提供工作機會，協助他們自立。

2016年4月2日鴻夏結盟當日，日本朝日新聞刊登了一則不起眼的新聞。主旨是67歲的真本真志提及早川重用全盲父親的恩義。他告訴日本記者：「是夏普撫養我長大的。」原來，2005年去世的父親真本卯吉是陸軍軍人，在中日戰爭中被爆彈打中後失明，回大阪後邂逅早川。其後與其他傷痍軍人一起在早川電機分工廠工作，得以養活包括真志在內的4個孩子，後來真志讀到大學畢業。生前，卯吉常掛嘴裡的是「不知該如何報答早川先生的大恩」。聽說夏普被鴻海收購，真本真志表示：「今後的變化雖大，但希望創業者的精神能維持下去。」

參考《創造夏普的男人》和日本媒體（姚巧梅整理）

第四章

夏普的故事三：新生夏普與鴻海

SHARP

2016年歲末，日本家家戶戶忙著除舊歲迎新年。日本每日電視台也在12月19日播放了一支夏普的新聞短片，宣傳新婚半年鴻夏結合的綜效。

鴻海和夏普攜手打造的兩個新產品問世。一個是自動調理鍋，一個是吸塵器。調理鍋鍋蓋的旋轉齒輪，應用鴻海的技術改造後，自動攪拌的功能增強；吸塵器則運用鴻海調度來的輕型乾碳，讓重量從2.9公斤降至1.5公斤。「鴻海是專業的精密機器集團，技術和調度材料的機制是他們的強項，夏普獲得不少啟發。」夏普商品企劃部部長田村友樹在影片裡說道。

鏡頭轉向戴正吳。「夏普的技術世界第一，業績虧損不是常態。要改善的地方很多，但一定會好轉，我有信心！」戴桑講日語，聲音一樣宏亮。

如同這兩個產品所象徵的，兩家聯姻後綜效似乎逐一出現。距出資前後時隔6個月，夏普股價從89日圓逼近300日圓，2016年9月止的營業收益是257億日圓，但利潤仍有赤字，將力爭在2017年3月實現盈利。

為達成目標，夏普將歲末銷售戰當作試金石，營業部員工週末也出勤。國內家電銷售總負責人居石勘資召集團結大會。鏡頭裡，關西地區120名業務員綁著頭巾聆聽居石勘資講話。最後，在居石帶領下，每個人蹲起馬步，高舉右手大喊：「做了，就做得到。一定要做。達成目標。充滿熱誠地做！」口號內容延續了40年以上。當天傍晚，居石立刻動身拜訪舊識營銷店，接著跑廣島福山市……。交情深遠的電器街賣店是讓夏普銷售業績回溫極重要的夥伴。在鴻海指揮下，為早日復活而動起來的夏普的作為，勢必影響重建成效。「2017年是重要關鍵」以此旁白作為影片的結尾。

▶郭董進擊的機會與挑戰

大象也會跳舞

2017年，對領航夏普的正副艦長郭台銘和戴正吳而言，是要讓險些沉船的巨艦航向正軌，在帳面上消除紅字的一年。因此，因應做法如何，會面臨何種挑戰，帶來什麼改變？

運用新技術以實現勝利的願景，是因應做法之一。結盟當天，郭董曾揚言「要在下一個世代的技術中獲勝」，首當其衝的就是有機EL（簡稱OLED）面板。這項新技術和產品不僅是重建夏普的台柱事業（另有8K電視生態體系和物聯網），更證明了無論收購夏普或諾基亞，都展現了鴻海這隻巨象變身品牌企業、邁向轉型（Box1）（2016年5月收購）的決心。

巨象是馬雲對鴻海的封號。在一次對談中，郭董不服氣地反駁：「大象也會跳舞，只要及早準備、看準方向」。郭董做事的決心，幾乎沒人質疑，連最敢罵他的導師中川威雄都說他有「不斷挑戰極限的事業野心，以及精準的判斷和執行力。」

入主夏普後第一場戰爭已悄然掀開。

在出資夏普的3888億日圓中，鴻海投下2000億日圓在曲面弧型螢幕的有機EL（4.5世代）面板，作為量產設備和技術開發的經費。挾資金與技術自重，盛傳將於2017年試產。若真能做到，則較中根康夫所預言的速度提前許多。中村是瑞穗銀行資深分析師，他原認為夏普量產應在2020年，因為夏普雖有傲人的 IGZO 技術，但對有機EL非僅沒有量產實績，研究開發水準也不及三星、LG和日本的JDI。

但從經營策略看，「iPhone 轉換成有機EL，對鴻海是一個好機會，」中根康夫預言，夏普出擊將牽動OLED版塊。夏普已宣布要在龜山工廠設置研發、試做和量產產線，預計2018年初期量產，年營收目標為2600億日圓另於2017年1月傳將在富士康鄭州廠增設生產線。果真如此，則不僅力挽液晶面板虧損（2016年止，堺工廠因受匯率影響，虧損79億日圓）有望，也可提升身為蘋果供應商的地位和利潤，扭轉落後三星的頹勢，2017年起不再供應三星面板的理由在此。不僅有機EL，液晶大型面板的事業還要擴大，鴻海已宣布將在廣州營建10.5代液晶工廠。夏普雖在有機EL的技術還不成氣候，但由於具備融合LTPS和IGZO的能力，所以在液晶面板的實力堅強，能做120吋大的液晶面板，擁有的專利也是業界第一。鴻海挾夏普液晶技術和品牌的威力，靈活運用中國的消費市場和本身的製造技術，藉此復興夏普、稱霸全球的雄心展露無遺。

決定放手一搏的背景是，據傳蘋果將在2017年推出三款iPhone 8，預估OLED版本的出貨量將佔新款iPhone比例50%到55%。目前供應量最大的是三星，佔全球90%以上。因此，對夏普而言，這是一場前有來者後有追兵的硬仗，掉以輕心不得。三星、LG和日本JDI是前者，後者則是中國京東方。

根據中根康夫的分析，iPhone 目前使用的 LTPS（低溫多矽晶）顯示器，最快2017年、最慢會在2018年轉換成有機EL面板。而2017

年上場的機種可能還不是曲面形狀或柔軟型顯示器，而是使用堅固不破的聚酰亞胺基板平面顯示器。但即使如此，製造商仍需具備三種條件：技術力・專利、資金力和製造設備。目前，萬事俱備的只有三星；LG的資金沒問題，但若要配合蘋果的大量需求，最快到2018下半年才能量產。

日本JDI的有機EL策略與韓國不同。手機以外也投資中大型有機EL面板。JDI的LTPS技術和生產雖出色，但囿於資金不多，加上處於開發階段和缺乏量產經驗，預估開始運轉要在2017年前半，且規模顯小。日前，才剛接受產業革新機構提供資金750億日圓，其中300億圓用在 OLED，450億日圓則提供給日前納為子公司的JOLED（產業革新機構主導下，結合 JDI、索尼和松下成立的公司），作為中大型電視和醫療顯示器等用。JDI董事長本間充坦承，轉換方向是為避開變動劇烈的手機競爭，並期待2021年，非智慧型手機的營業額能達全體5成。延攬JOLD為子公司是基於面板戰況激烈，為提升競爭力，凝聚日系企業的力量有其必要。JDI於2012年在產業革新機構主導下，結合日立、東芝和索尼誕生，部分技術傳承自松下、三洋電機和愛普生，而其危機意識源自韓國以外，台灣（含夏普）和中國堅強的攻勢。最近發表可折疊式液晶終端機，引起業界矚目。

後起的京東方科技集團的確來勢洶洶。先斥資7000億日圓在四川成都建設第6世代有機EL工廠，計畫2017年後半期量產。後於2016年10月發表，將在四川綿陽另建新有機EL工廠，2019年量產。

中國開始量產TFT液晶面板是2004年，之後全力衝刺。現已成為國家代表性科技產業，但弱點是技術人員不足。其2015年的出產量以些微之差（26.8%。大陸市調機構群智諮詢於2017年1月指出，2016年大陸面板市佔率已超過台灣，成為世界第二）在台灣（27.6%）之後暫居第3名，把日本（4.5%）遠甩在後，競爭力不容小覷，第一名是韓國（37.3%）。

第二個因應做法則是將獨特的技術推展至海外。「夏普的太陽能事業要在201年8月轉虧為盈，」戴正吳曾公開透露。是另一個要化危機為轉機的事業，急迫性僅次液晶面板。夏普開發太陽能產品的時代溯自1960年代，其特長是高發電效能和耐久性，其中太陽能面板在日本因受市場局限，包括大規模太陽光發電所和住宅用的成長都呈現停滯，因而虧損（184億日圓）。夏普改弦易轍，轉向強攻海外市場，已開始在中國試賣，並在泰國芭達雅的工廠安裝發電系統。其他瞄準的市場還有印度、美國和台灣等。

印度是巨大的成長市場。鴻夏戀談判接近尾聲的2016年2月18日，郭董閃訪軟銀孫正義，目的即洽商拓展印度太陽能發電市場一事，並表明將讓夏普參與該項計畫。針對營建大規模太陽能發電廠，夏普擁有的系統設計和工程能力等是助力。另外，為讓太陽能面板發揮多種用途及配合消費者需求，夏普的能源系統企劃部開發了創新產品「轉角充電站」和「太陽能椅」，目前已引起商家、消費者和旅客矚目。

轉角充電站

轉角充電站於2016年夏天啟用。讓路人能輕鬆的為自己的手機充電，以iPhone為例，15分鐘可充電5%~10%。夜間，當充電箱滿電時，最多可讓60台 iPhone 各充電15分鐘。

充電站由夏普結合東京都環境公社共同開發，設計結構簡單。4公尺高的棒狀物上是備有電池的太陽能面板，儲蓄後電力則透過約1公尺高的充電箱供應。充電站原在東京鐵塔和豐島園附近實驗，未料民眾的反應出奇的好，於是開始生產並銷售給店家，售價250萬日圓。「我們也能客製化，配合客戶的要求更改設計，」夏普能源系統事業部長桃井恒浩表示，目前的銷售目標是第一年1000台。

丸高石油位於千葉縣館市，是個加油站兼賣咖啡的複合式商家。引進充電站後表示效果不錯。認為不僅環保，在發生緊急事故時，還可作為臨時防災據點用，客人也好評如潮。

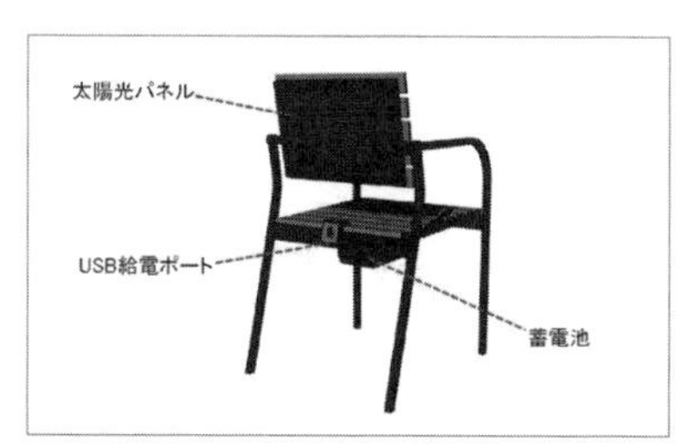

夏普開發的太陽能椅

夏普後來又開發了「太陽能椅」。透過椅背後的太陽能面板，將電力積蓄在座椅下的蓄電箱，讓商家提供客人使用。這個產品的難度在於設計感。由於太陽能面板呈四面形，從來只在意能否鑲框，不講究設計。夏普的研發員上久保德貴透露，他們利用了包括屋角用台形面板等，研發了3種形狀，後來決定採用菱形，認為比較容易引起利用者注意又較具美感。接著，為搭配太陽能椅用的充電機器也著手開發了。

夏普在太陽能技術的能耐，讓鴻海在發展再生能源事業上加分。軟銀的公司簡介 PPT 第49張，標明著與鴻海和印度巴帝電信在安得拉邦建廠的版圖，版圖上插著三國國旗。鴻海與軟銀計畫

10年內投入2.5兆日圓，合作拓展太陽能發電等再生能源事業。印度人口多、工資便宜，製造業成本比美國低13%，比中國低4%。此外，和中國一樣，印度也是行銷夏普家電的理想據點。夏普已宣布2019年前可量產8K電視，不僅是東京奧運會的供應商，也要賣給中國和其他國家。

在外型上，180公分的郭董和165公分的孫正義宛如天龍地虎，但兩人的目標遠大和投資頭腦平分秋色。川普當選後，打著紅領帶、套紅背心的孫桑立刻啟程赴美，向川普保證將偕同鴻海針對 IT 產業在4年內投資約570億美元，雇用50000名美國人，以償進軍美國的夙願，結果當天美國股票指數走揚，新聞攻佔國際版面。之後，鴻海宣布將斥資70億美元，和夏普攜手在美國營建液晶面板工廠。

孫桑與郭董都以作風大膽及精準投資出名。兩人雖在投資夏普上沒有交集，但一致對生醫、高科技產業感興趣，是富豪（郭董個人財富66億美元、孫桑141億美元）、工作狂，也是創業家，兩人在2016年「哈佛商業評論全球執行長100強」都榜上有名，郭董第40名，孫桑第73名，但兩家在CSR的排名不算出色，鴻海排行758名，軟銀則736名，都落後日本電產。

比較鮮為人知的，孫正義身世寒微更甚郭董。他出生於佐賀縣鳥栖車站旁一個沒有門牌的朝鮮部落，家裡養豬、釀私酒，「孫正義在滿溢著豬的糞尿和強烈酒味的環境中長大，」佐野真一在《安本孫正義傳》（あんぽん孫正義伝）中寫道。身為韓國人後代又出身貧民窟，讀幼稚園時曾被丟過石頭飽受歧視，之後孫正義就刻意隱瞞身分。直到33歲歸化日本籍之前，都維持著日本名「安本正義」。敢於說出本姓「孫」是他17歲赴美留學後的事了。

▶開春新年的明與暗

管人容易管心難。相對於事業夥伴孫正義因國籍與出身嘗遍人情冷暖，對鴻海和郭董毫無認識的夏普員工和日本人，也是投以懷疑眼光者居多。重建夏普有光明也有陰暗面，在各種難題中，以員工士氣、雇用問題和日本社會的觀感最受議論。

日本經濟新聞在日本除夕夜報導，夏普第一線員工的士氣低落。儘管戴桑宣布發給一個月冬季獎金、薪資補貼，表現好的員工可獲社長獎金等，一再強調「信賞必罰」的實力主義和報酬體系，但夏普員工似乎並不領情，對鴻海目前以利益為導向的經營風格，例如看重業務銷售、郭董露骨地向詢問技術員何時賺錢的年限，因而向日媒道出肺腑之言：「戴社長言聽計從，夏普已變成鴻海在日本的法人公司，夏普的獨創性和存在的意義，蕩然無存。」

但知道夏普歷史的人忖測技術員的反彈，極可能來自戴桑在除夕前發給員工的信裡，提及ATOM（Attack Team Of Market，又名市場攻擊隊）部隊。而那是夏普1965年代發起的一種銷售體制，公司全員搭配銷售店一起出擊，對外銷售公司產品。

鴻海併購夏普，被日本選為「2016年15大IT業」新聞，「鴻海流」名詞應運而生。日媒稱夏普新董事（2017年1月，派孫月衛接SDP代表董事）名單中，鴻海出身或友好者9名是「鴻家班」（Box2），另將擁有200人的社長室稱為「首相官邸」，弦外之音是「鴻海流」

中央集權式管理。

標竿企業的併購流派通常大分兩種。一為追求文化融合的收購，即在海外投資併購完成後，採取吞併、同化的方式，將收購對象納入自身企業的架構；另一種是所謂「柔性的收購」，即較理性地收購和管理，目標是先進的研發、設計、技術和品牌。

鴻海勢力雖遍布全球，但針對先進國大規模的併購經驗，僅限2003年芬蘭的Eimo，後來賣掉了。可以說併購夏普進而治理是第一次。表面上，鴻海的併購動機類似柔性的收購，但實際做法頗為矛盾。

例如，邊強調維持夏普的獨立性（戴正吳數度對外表示任期2年），卻選擇了「忠實執行郭董指示者」作為董事和社長室幕僚（幕僚中有2名是鴻家班的野村勝明和高山俊明）（Box3）。據傳鴻海班的董事們皆以「冷靜嚴格」著稱。社長是戴正吳，但決定權掌握在郭董手裡，眾所皆知。「鴻家班」裡，除了東大名譽教授中川威雄的職歷較為不同，其他則都出身鴻海。中川威雄有「日本3D列印教父」之稱，是郭台銘的忘年之交；戴正吳身兼鴻海副總裁，是郭台銘最信賴的老臣之一（Box4）；高山俊明是鴻海科技集團日本公司副社長，也是堺工廠副社長，中文流利，是郭董的翻譯官；劉揚偉是鴻海B次集團數位產品事業群總經理，在半導體領域的資歷深厚，日後將負責夏普半導體技術事業。其他兩名分別是出身松下健康（Panasonic Healthcare）的中矢一也和SOMC（Sony Mobile Communications）的石田佳久。

「儘管鴻海是上市企業，但還是保持了家族企業的管理方式，任人唯親，高層管理人員都是郭董的親信，」觀察鴻海多年的喬晉

建證實在公司治理方面，對夏普的管理確有因襲鴻海的影子。

經營管理方式見仁見智。集中權力也是一種管理法，集權後進行改革被認為較有效率。達美航空執行長理查安德森在2008年併購西北航空時，採取的就是速度和力量，他說：「沒有所謂勢均力敵的事」。

但是，企業利益與價值並重或甚至價值更高，則是另一種觀點。德國跨國公司思愛普（SAP）執行長比爾麥主張尊重當地文化為首要。他在接受哈佛評論訪問時曾說：「無論在哪個國家，首先要了解並尊重當地的企業文化運作，以及這家企業追求的目標，然後，設想該如何帶領公司達成那些目標。」

日本的百年企業叫老鋪，200年以上者稱長壽。日本的長壽企業數目居世界之冠（Box5），日本帝國銀行分析得以持續的客觀因素是未經殖民和戰火，並有著守護事業和從業員的家訓與商業道德。靜岡大學教授館岡康雄則指出，長壽企業的管理確有特異之處，企業和員工一體同心，每個員工因彼此的互利而感到富足，這種富足感成為延續企業生命的要素。

從小街工廠出發的夏普，創辦人早川德次把員工當作家人，員工也對他死心蹋地。《創造夏普的男人》作者平野隆彰曾說過一則小故事。早川當權的時代，有一次夏普在金澤做電視產品宣傳，結果當晚的電視畫面當機，早川講話的映像沒出現。當時的負責人是一個叫服部的員工，他心想壞了大事，緊張極了。未料早川在台上講完話後走下來，「喂！機器常會故障，以後要沉著操作。」非但沒動怒還安慰他。「這樣的人，我跟定他一輩子了」。早川用愛擄獲部屬的心。

不可諱言的，有日本媒體用「こわもて」（漢字寫成「強面」、「怖面」，神色嚇人之意，以嚇人的神色威脅他人，表現出強硬的態度）形容郭董。

事實上，不少夏普員工至今仍心存疑問，到底相信哪一個Terry郭才好？例如，郭董才在堺工廠的尾牙大方地秀出豪華獎品、分紅，縮短了與員工之間的距離，一轉身，在追究偶發債務時變得疾言厲色，要求降低資金的態度強硬，表現出嚴厲的另一面。郭董硬軟兼施的態度，讓員工們在期待中也摻雜著不安。為此，奈良縣一名40世代社員的建議是：「看開點吧。誰叫咱們在外資公司工作。」

2016年4月，已爭取到夏普的鴻海雖然尚未將出資金匯入，但已開始刪減夏普的固定費用。據傳郭董赴港區夏普的東京分社時，無視員工反應，曾大聲地斥責：「業績滿江紅，還在這麼高級的大樓上班？一、兩個月之內都給我搬出去！」隨後夏普即在5月12日的決算資料中明載：「港區辦公室部分遷至千葉的東京幕張大樓（夏普在東京另一棟大廈）」。郭董到了大阪，同樣雷厲風行地要求大阪總社搬到堺市。

「資金都還沒匯入，Terry郭就擺出一副夏普社長的架勢，每天接二連三地下指令，這是怎麼回事？」夏普的員工不平道。

儘管經營層絕口否認，但知情者心底雪亮，未來的僱傭問題仍舊暗潮洶湧。被接管後，夏普公關顯然很賣力，經常提供新聞上媒體，連RoBoHoN都紅到電視劇裡，但報喜多報憂少。事實上，2016年5月12日，夏普曾在決算資料裡明記：「全球最多將裁7000人」。但不及1小時立刻刪除，改為「全球人員優化配置」。換言之，依據原經營上的判斷，原有約16%的員工（目前有43000千人）理應裁掉。

大約在同時，郭董和戴桑聯名寄給員工一封信：「針對夏普最近的調查，很遺憾，如果不實施裁員和降低成本，則很明顯的無法改善經營。處理（裁員）過程中，我們保證會負責且慎重地做。」信裡沒有言及事業部門、地區和裁員人數。但知情人士指出，裁員對象可能以與鴻海重疊的海外據點、業績不振的太陽能電池及總公司的管理部門為主。

作家安田峰俊以自己的經驗為例透露，撰寫《野心——郭台銘傳》時，日本的出版社要求主調要是「鴻海重建夏普不會成功」，以配合中年以上上班族讀者群胃口。

鴻夏戀談判期間，郭董一再強調即使裁員也不會裁40歲以下員工，戴正吳在寫給員工的第5封信裡2次提及「年輕員工」，一是人事獎懲：「為酬勞成果顯著的年輕社員，導入業務激勵制度及社長特別獎，今後將擴及至技術開發。……」一是徵求新人。有意重用年輕戰力的心情不在話下。

夏普內部人員對鴻海的距離感，也因世代或立場不同各異。一個始終在斡旋人事的夏普幹部透露：「年輕人也許比較適合鴻海。他們認為跟著鴻海，可以累積在全世界做生意的實績，提升自己的能力。」

這種態勢，對中年以後員工的士氣勢必產生影響。夏普一名50世代向日本媒體坦承：「雖然留下來了，但不知道會持續到何時。」

此外，一般日本人對郭董的印象是善變、不遵守承諾。2016

年6月23日鴻海收購夏普後首次的股東大會上，就有2名股東露骨地直言：「那人像喊狼來了的少年。」會中，兩人重翻舊帳，對鴻海要求股價重議及因或有債務減資1000億日圓頗有微詞。在夏普每年必須呈報金融機關的「有價證券報告書」中，有項「事業風險」。項目中羅列著企業可能遭遇的風險和損失。有人認為，如果不是因為鴻海疏忽了就是視而不見，股市評論家倉多慎之助就是其中一人。他說：「鴻海根本沒把偶發債務看進去，因為只注意IGZO等液晶技術。」

夏普股東大會的日本媒體嚴陣以待

與台灣媒體的報導風格相較，日本媒體顯得謹慎和保留。夏普股東大會中，日本各家電視台、報紙和雜誌也齊聚一堂。會後，和朝日新聞、產經新聞、共同通訊社等記者互相交換名片後閒聊，朝日新聞的山口博敬前一天才參加鴻海的股東大會後漏夜趕返大阪；產經新聞的石川有紀對郭董的反覆，印象不佳。《總裁雜誌》的濱根英子則對多次申請採訪未獲回音感到失望。鴻夏戀話題沸騰日本之際，資深媒體人丸山勝劈頭就問：「郭台銘這個人，值得信任嗎？」日本媒體記者的言談中，透露出對郭董和鴻海的隔閡。

「鴻海對外封閉。公司內部資訊的對外公開工作，做得極差。我看打零分都嫌多，」喬晉建毫不客氣地指出。

「郭台銘為什麼被日本人討厭」一文的作者野島剛在文中建議，面對陌生跨國環境，鴻海不宜因循過往企業文化，若想擺脫在日本負面的形象，應該主動掌握發言權，讓日本大眾知道「鴻海其實這麼想」，以免因欠缺發言管道吃悶虧。

安田峰俊則形容鴻海「像一艘潛在海底的潛水艇。」日本的書市，目前僅一本翻譯自台灣的《虎與狐》，安田的《郭台銘傳》算第一本以日本人觀點寫成。他將採訪內容知會鴻海後，得到一封公文式的英文回信，雖要求訪問郭董，但沒收到回應。

「鴻海和郭董如何看待日本社會？是郭董的一個挑戰，」安田說道。

▶吉永小百合，太老了？夏普股東們的心聲

與鴻海命運與共，夏普面臨的挑戰也席捲而來。鴻夏結盟後4月中旬，在一份針對全國300名消費者問卷調查中，回以「不想買夏普產品」者超過3成。夏普經營危機長期化，消費者信心動搖，漸行漸遠，不知主權失去後的百年老店是否變調。

為此，夏普在一個月後，以「夏普，以後還是夏普！」的文宣，在5家全國、46家地方報紙刊登全版廣告。公司的網頁也感性地引用創辦人的經營理念：「不變的是，誠意與創意，還有透過勞動，提供對社會有益的品質和服務」。

被外資收購後，如何維護國內過去的聲譽，並展現融合了鴻海傘下新生夏普的面貌，對負責做形象宣傳的夏普品牌戰略部而言，是一大考驗。尤其6月23日的股東會上，甚至有股東提出質疑，從2000年開始就是夏普產品代言人，今年已72歲的吉永小百合，是不是年紀太大了？透露夏普的利益相關者股東們有意求

變、重新找回活力的心情。

町田勝彥社長的時代，心儀「知性沉穩」吉永小百合的氣質，選她做代言人已有17年歷史。小百合演過100多齣戲、至今仍在影壇活躍，近作「我的長崎媽媽」溫婉內斂的演技展現寶刀未老。早稻田西洋學史畢業的她，才色俱佳，曾獲政府頒贈紫綬褒獎和文化功勞獎，形象極好，2016年5月，還和音樂家阪本龍一在加拿大溫哥華合作演出朗讀反核詩。

具古典美的小百合穿和服介紹夏普液晶電視的形象深植消費者心中，儘管夏普也意識到時代潮流而從善如流，另找了兩名年輕世代女優，但白物家電仍堅持讓小百合做代言人，主要理由是她對夏普商品的理解夠深，在手頭較寬裕的中高年層中也有高人氣。目前，液晶電視代言人換成26歲的歌星兼模特兒kyaripamyupamyu（音譯，きゃりーぱみゅぱみゅ），手機則由32歲的播音員加藤綾子擔綱。

夏普股東會在ORIX舉行

鴻海入主後首度召開的股東會，照例在大阪的orikusu劇場（ORIX THEATER，劇場兼音樂廳，可容納2400人）舉行。上午第122期定時股東總會，從9點30分開始，是重頭戲；下午是普通股東總會，從3點30分開始。翌日是夏普創辦人早川德次的忌日。

清晨8點，日本記者和採訪車就已在會場前嚴陣以待，股東們也開始陸續進場。天上飄著細雨，是陰天。劇場從西梅田或本町車站23號出口，10分以內能走到。「被外資買走，夏普的經營者難道都沒有尊嚴了嗎？……」劇場前，接受日本媒體採訪的60多歲男性股東，氣憤地說道。

9點30分，股東大會正式開始，媒體記者們被集中在樓上的視聽室，透過反映在大型液晶電視面板的映像，參與全程。

首先，夏普經營陣在高橋興三率領下，全體起立鞠躬，姿勢停留約5秒鐘。「我們為經營虧損和連續4年沒發紅利，向各位致歉，」高橋在彎腰前先說道。那天，他身深色西裝搭銀灰領帶，緊繃的神情與聯婚簽約日大為不同。他也是被股東毫不留情面抨擊得最多的人。現代日本的經營者大多是經理人，動輒被譏諷是不負責的傀儡。「你的經營能力根本就是零」、「不信任你」、「還好意思領退休金呢」，其中還一個去年也與會的股東重提舊事：「我曾問你，這家公司社長的臉長什麼樣子？你還說，就長這個樣子，記得嗎？」透過轉播，排開坐在經營陣裡的高橋面帶苦笑。這是高橋最後一次公開露面，會後接受媒體訪問時，感慨萬千地說道：「很掙扎的3年。」

在上午歷時3個半小時會中，經營陣面對焦躁不安股東們偶爾的暴走，例如，言詞犀利地斥罵或全場情緒受影響時而鼓譟、時而發出笑聲時，經營陣都盡量戰兢答覆、沉著應對，並針對提問內容，派出負責的人回答。談判、出資、人事相關問題，由橋本仁宏（三菱東京UFJ銀行出身，新任夏普社長室室長）上場，液晶顯示器問題由桶谷大亥（新任堺工廠社長）回答，家電由長谷川祥典（通訊系統事業統籌兼通訊系統事業本部長）應對，經營問題及海外策略由高橋興三代表，鴻夏結盟綜效問題由野村勝明（新任夏普副社長）代打，財務問題則由榊原聰（新任總管理部管理本部部長）回覆。

股東們的提問形形色色。從中可窺知利益相關者關心的問題是哪些（Box6）。提問的大方向在針對夏普方面，追究經營責任及詢問未來重建方針。例如，對裁員問題有正反兩種意見；對人才流失問題則意見一致，希望夏普今後改善，並希望在合約中註明離職5年內，不得轉職到同類公司；希望夏普的社外股東將薪酬捐出來；品牌廣告代言人的形象宜更新等。對於未來，則期待今後在高齡者產品、智慧物聯網、有機EL和海外策略上使力。

針對鴻海方面的問題，則集中在收購的誠意和未來綜效。股東們對鴻海的印象分成不信任和信任兩派。信任派認為鴻海出資和本身的條件比產業革新機構好，與夏普結盟後實力也比其旗下的JDI要好；不信任派的疑慮集中在郭董反覆的行事風格，例如要求股價重議、因或有債務減資及只要液晶的但書等，並擔心注資能否如期匯入或因夏普收益不佳而變卦，甚至有股東提議，若談判條件不符乾脆中止結盟等，不一而足。夏普官方則打出「新生夏普」的口號。

當天約1200人出席，上午場發問者合計18人，包括1名女性，其中有3名原夏普人。據說股東大會和去年一樣，比歷年的時間拉得還長。

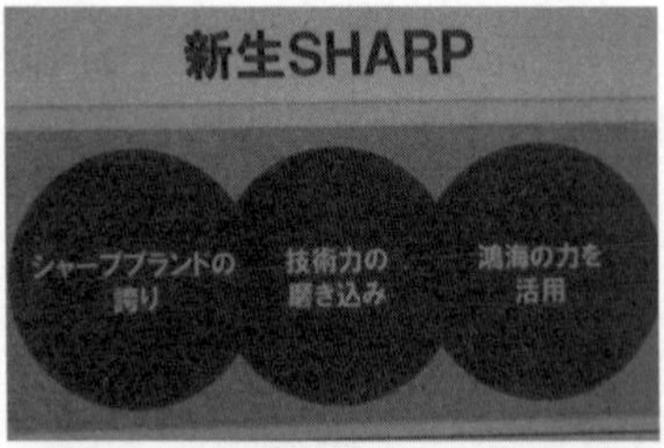

夏普股東大會會場秀出「新生夏普」的策略

後來，經營陣以「新生夏普」為題提出綜效，最具建設性，將如何進行重整，則是較前瞻的提問。

關於鴻海聯盟的綜效，高橋興三解釋了為何放棄獨力重建的理由

（液晶面板失利及經營不力）後隨即說明：「鴻海在液晶事業和夏普是互補關係，夏普長期擁有顯示器技術，鴻海則擁有推展到世界的能力。在財務面，獲得的資金得以改善自有資本比率，實現因財政狀況不穩而無法進行的成長型投資，加上鴻海的技術力、生產力和較低的生產成本，達成雙贏指日可待。」

接著，映像裡播出「新生夏普」的PPT內容。先出現的是標題「品牌是夏普的驕傲，琢磨技術力，活用鴻海的力量」，之後是兩家企業的4個合作項目：雲端大數據、消費者電子工業事業、顯示器事業和策略合作。

在雲端數據的議題，展現出鴻海在雲端數據上的做法。包括：食品安全、從業員健康、中國製造2025工業、車用、工業安全、智慧教育、娛樂、人工智慧；消費者電子方面，夏普將活用鴻海巨大的生產力和調度力，合作拓展人工智慧、AI+物聯網（AIoT）等事業；在顯示器方面，夏普以長年累積的技術，搭配鴻海跨越全球的顧客、速度和行動；策略合作則根據兩家企業的強項：夏普的革新技術開發力、獨特的視點、有歷史的品牌，鴻海的革新技術開發力、世界第一的製造技術、全球化客戶基盤，藉以推出有競爭力的商品、提供服務，進而開拓新世界。

6月下旬的股東會上以文字、數據和口號為主的提示，數月以後，經過第新任社長戴正吳率領新經營團隊日夜疾行的結果，有部分確實落實了。檢視其改革計畫（Box7）和夏普平日發布的資訊後獲知，改革計畫及於組織更新、營運策略、人事制度、技術革新、商業模式及精神喊話，感覺復興夏普正在進化中。

▶不信青春喚不回——夏普從「心」出發

戴正吳在第5封信提及「ATOM 銷售隊」，於回顧夏普長續的銷售體制之外，也明示新生夏普將重視業務，全員動起來。

2016年11月2日、3日，夏普首次舉行「部門改革進展及收益確認會議」，並公布3大改革：總部主導部門調整、降低成本、擴大銷售。特別針對銷售，只靠降低成本或調整部門的架構還不夠。必須擴大銷售才能增加獲利。這個會議透過視訊，聚集了夏普在全球37個地區的部長級以上750名管理者舉行。

夏普ATOM部隊尤其形成的背景。最初的起因是因為經濟不景氣，為拯救公司所採取的銷售策略。除了2012年和2014年大舉裁員以外，早期的夏普也曾經歷過3次（1950年、1965年和1998年）經營危機。至於ATOM部隊的產生背景則是在第2次。

1965年，日本遭遇「昭和40年不景氣」。原因是1964年秋天舉行東京奧運會後，不景氣突然來襲，造成電視機滯銷，年末商戰也慘敗，電視機供給過剩，庫存堆積如山，工廠無法作動、公司冗員劇增。而當其他公司立刻著手處理人員的同時，夏普創辦人早川德次把員工當作自己的家人，認為是守護企業存續的重要存在。基於這種暗默中「不成文的規定」，夏普盡量避免裁員的社風成形。但在經營艱苦又必須遵循昔人古訓的困境下，只好逆向思考，想出動員全公司員工組成銷售部隊，走出去推銷產品的計策。

最早響應的是生產現場的49名技術員。由他們率先組成銷售部隊，走出工廠到各營銷店，除了做經營指導也推廣業務。技術員們和銷售店結伴，一家一家的拜訪用戶，聆聽需求。這對整天待在工廠的技術員並非易事，但思及公司有難，沒人表示不平。

當時的口號就是「全員都是銷售員」。後來，在全員團結之下，危機解除了。技術員們也因直接聽取了客戶的意見，對日後的開發大有助益。

在開春之前，戴桑舊事重提，想必有弦外之音。期待不僅業務部，生產技術人員也動起來，所有員工緬懷並效法昔日團結，在情緒上重新歸零，從「心」出發。

從螞蟻型企業的觀點思考，特色之一是儲備與耐力，花時間培育人才、花時間研究開發，得以創造出獨創性高的商品。郭董曾表示很佩服夏普的工匠精神，而工匠的執著特質即不計得失，琢磨成器。

鴻海出資金3888億圓當中，約450億投資在家電事業。基於日本出生人口大幅減少，新興國家製造的便宜家電崛起，日本家電業紛紛轉向收益安定的B to B產業，東芝的白色家電部門早已售出。

在家電業沒有品牌的鴻海，在這方面的通路實力仍是未知數。夏普一方面提高生產效率，防止競爭力下滑，一方面做縮小國內市場、進軍海外的準備。即使外在環境嚴苛，今年照例發表了新產品，以健康為主要訴求的調理產品「水波爐」系列就是。

夏普家電事業負責人沖津雅浩證實，不同以往以國內市場為主，「從開發階段開始，就把海外銷售放進視野，做好國際化的準備。」新產品的價位比從前低，強化機能性，以配合東南亞國家的飲食習慣。

相對於每日電視播放的新聞短片裡關西的業務部員工卯足勁，2016年7月初在東京的家電大賣場，也捕捉到夏普課長級員工假日出勤，賣力推銷液晶電視和水波爐，吸引了消費者駐足的鏡頭。足見市場攻擊隊的態勢，早已隱然成形。

夏普幹部大力推銷水波爐

水波爐是夏普一種不用水和火的「無水調理」電氣鍋，原理是活用蔬菜等食材原就有的水分調理。夏普家電課課長比手畫腳地在旁解說，這種鍋不僅能保留食材原有維他命C和葉酸等抗氧化營養素和礦物質，還能留住食材原有的美味。原理在於水波爐的蓋子有圓錐突起的「水滴加工」器，能讓食材的蒸氣形成水滴後在鍋中循環。而且，因為有攪拌功能的傳感器，不易調味和難煮的料理，或者需要勤快攪拌的咖哩和燉飯等，都能輕鬆上手，也可以事先測定份量和加熱狀態，不需要人在旁邊等著。

當夏普課長提到可燉煮出85種料理時，一旁的年輕情侶，發出微小的驚呼，彷彿遇到了魔法鍋。

銷售現場，夏普員工從心底發出的熱意，確實感染了消費者。

在重拾初心的夏普現目前公司的氛圍中，尊重傳統的DNA曾一度在夏普追求規模的時候失去。

因此，有一名夏普的離職員工在網路部落格PO文稱讚，戴桑和郭董重現了這份尊重。「因為他們向創辦人銅像行禮如儀，，我相信他們發自真心。」這名員工在22歲那年進到夏普，工作了

20年。但後來接到3次「非戰力通告」（不想走卻被要求離開），離開了。42歲轉職，翌年獲得比在夏普待遇更好的工作。「比起已失去早川DNA的幹部們，Terry郭更親近早川德次呢。」郭董看重夏普也表現在行動上。2017年1月22日鴻海的尾牙不僅邀請創辦人早川的孩子、曾孫參加，並將夏普重要文物搬到現場展示。

2017年1月22日鴻海尾牙當日展示夏普文物

鴻海尾牙，郭董被記者群包圍

針對鴻海併購夏普，在撻伐聲眾的日本社會，這是出自夏普舊日員工的友善觀點。日本經濟新聞電子編集部次長武類雅典也呼籲，夏普應改變從前「高高在上」的態度，務實地接受事實，坦承合併的互補作用。中國美的集團於2016年6月底收購東芝白色家電部門後，於8月初宣布2017年的營業損益和純利潤將轉為黑字。東芝的幹部在NHK電視訪問中坦承，中國式管理，決策迅速、行動力佳，被併購後感覺良好且覺得受到器重。

事實上，在鴻海完成注資後，資本市場對夏普的評等頻頻翻轉。

不僅日本信評機構R&I在2016年8月，把對夏普的評等從「CCC+」調升兩級至「B」，MSCI（Morgan Stanley Capital International）全球指數，也宣布再度將夏普納入MSCI全球標準指數中。日本經濟新聞更在2017年1月2日的「2017年日經大預測」

中，點名了4名在日本活躍的企業家，而郭董和日產的戈恩是兩個唯一的外國人。

最近，出身夏普的夏普專家中田行彥也說：「在價值創造這一點，我所提倡的『整合式國際經營』的範本出現了。」

安田峰俊從文化的角度分析，日本人的上班族意識和華人的大膽與速度感搭配，新生夏普的業績好轉大有可能。日本人的長處是即使個人覺得不合理，但對上位者的指示會忠實地遵從，對所屬組織的歸屬感也強，但容易流於見樹不見林。因此，如果追隨從大局著眼以及決策果決的歐美人或華人領袖，那麼，「日本從業員所負責的組織，會很有效率。」

反之，試從併購失敗的角度來看，以一般論而言，若不是提高收益的計畫無法實行，就是收購後的經營能力不足。

資策會產業研究所所長詹文男也指出，併購無法持續的原因是雙方互信不足、合作目標不一致或者各自投入的心力不足，「這也是未來鴻夏合作需要面對的挑戰。」

雙方互信不足或眼前的不安定局勢若不盡早平撫，影響員工去留在所難免。筆者接到一名2017年1月中旬離職的夏普員工來函，大意是，即使在公司風雨飄搖之時，都沒有離開，但是正念及目前的不安定狀況時，正好獲得生活和工作都能讓人向前看的機會，所以做了離開夏普的決定。信末並表示，趁離職打招呼的機會和其他伙伴交換了最近的工作心得，也了解了其他人的心境。

和夏普一樣，鴻海也是從町工廠（小街上的工廠）出發，從一個創業期資金30萬元、員工僅10人開始，直到2016年《財富雜誌》評選全球第31名企業，從其經營背景和實力來治理夏普，要失敗也不容易。夏普副社長野村於2017年2月公開的財報結果也讓人眼睛一亮。

但是，畢竟只是數字。

當鴻海決定在中國廣州與廣州市政府合資興建10.5代線液晶面板那一刻起，也等於宣布在液晶面板產業上，台灣、日本、中國三角關係成形，是一個值得關心的趨勢。換句話說，不僅在服務業，在製造業的關鍵產業方面，由台灣人主導的亞洲合作模式崛起的事實，已經出現。相對的，鴻海的台灣和中國模式管理，勢必面臨更嚴峻的檢視。

誠如日本營建器材LIXIL公司CEO藤森義明（2015年12月退職）所說，「再怎麼厲害，改革不能只靠一個人。改革時，為了提高員工士氣，一定要全體朝向比現在更高的夢，動起來才行。」藤森是日本擁有跨國公司經驗著名的企業家，曾是跨國企業GE的首席副社長，據說GE在130年的歷史中，亞洲人初次坐上這個位置的只有他。

喬晉建也說，任人唯親的郭台銘在公司治理上有其限制，「這是創業型企業家的通病，成也蕭何敗也蕭何」。

新春開年的日本經濟新聞將郭董和戈恩相提並論，「鴻海如果再造夏普成功，那麼他將是電機業界的戈恩，能享有一樣的地位。」

在日本改革日產汽車成功的戈恩，被譽為「漫步地球的執行官」，理由是帶領日產掙脫因襲、挑戰教條，學會自己思考而眼界得以開展，終於步向文藝復興，達成正向改革。但前後費時6年。

如果這已成為日本和國際教科書式的改革成功範本，那麼，拋開數字不談，夏普從「心」出發的文藝復興，才真正令人期待。

鴻海集團成長史

【Box1】

1974	鴻海集團成立
1988	在中國大陸成立第一個分公司
1991	在台灣證券交易所上市
2002	歐洲營運總部製造中心在捷克共和國成立
2004	成為世界上最大的3C產業製造商
2005	《財富雜誌》評全球500強第371名
2010	在成都以及重慶設立據點（成立分公司）
	《財富雜誌》評全球500強第112位
2012	投資高雄軟體技術園區
2013	資助卡內基美隆大學
	出售抬頭顯示器（HUD）專利給Google
	投資堺工廠
2014	與惠普合資
	成立貴州綠色資料中心
2015	與軟體銀行集團及阿里巴巴合資創業
	公司擴展至印度
	《財富雜誌》評全球500強第31位
2016	投資夏普
	公司營運擴展至日本
	《財富雜誌》評全球500強第25位

※2015年年收入為1412.13億美元，淨利潤為46.26億美元

全球布局

北美（17個地區）	全球風險投資和戰略投資
拉丁美洲（8個地區）	導入NPI（新產品導入）中心、靈活的供應鏈、垂直整合分子進化遺傳分析軟體網站、矽谷連結中心
歐洲（18個地區）	高科技研發中心工業4.0、資料中心電子商務
中國（34個地區）	垂直整合、工業互聯網、綠色資料中心、智慧城市技術服務、Kick2Real（創業服務平台）
亞洲（12個地區）	投資：夏普、SDP（堺10代廠）、智慧家電、LCD、太陽能、核心部件（光電子元件、半導體零件等）
	戰略聯盟：軟銀、控股韓國SK集團
太平洋（2個地區）	

台灣布局

三創生活園區	高雄軟體技術包積體電路中心及資料中心
國立台灣大學癌症研究中心	永齡希望小學
網路電信創新中心	永齡有機農業園
FACA SG 故障分析糾正事業群中心	高雄企業資料中心
土城光學、機械及電子集成中心	投資臺灣4G LTE網路和服務
自由貿易地區雲研發中心	將日本軟銀的Pepper機器人引入台灣市場
顯示研發中心	建立了台灣第一個LoT（萬物互聯）LoRa無線通訊網路
海曙網路研發中心	在智慧生活領域投資創業公司
液晶顯示器製造中心	推出台灣第一個VoLTE和Wifi呼叫服務

（VoLTE是一種IP資料傳輸技術，是基於IMS的語音業務。無須2G/3G網路，全部業務承載於4G網路上，可實現資料與語音業務在同一網路下的統一）

商業模式進化及投資布局

富士康商業模式價值鏈

OEM：原廠委託製造

JDVM：共同設計開發製造

JDSM：共同設計服務製造

ODM：原廠委託設計

IDM：委外訂單

IIDM：創新硬體開發與製造

IIDM+S/M：提供整體解決方案的服務模式

IIDM+S/M的理念	橫跨整合 創新 設計 製造 ＋ 銷售 行銷
IIDM+S/M的客戶	諾基亞/夏普/富可視等

跨領域發展

移動與可穿戴式設備	消費者	智慧設備	電信和網路	雲和資料中心	工業電腦
		跨領域發展			
自動化與機器人	衛生保健	汽車	太陽能	技術服務	電子商務和供應鏈金融

電子產業關聯圖

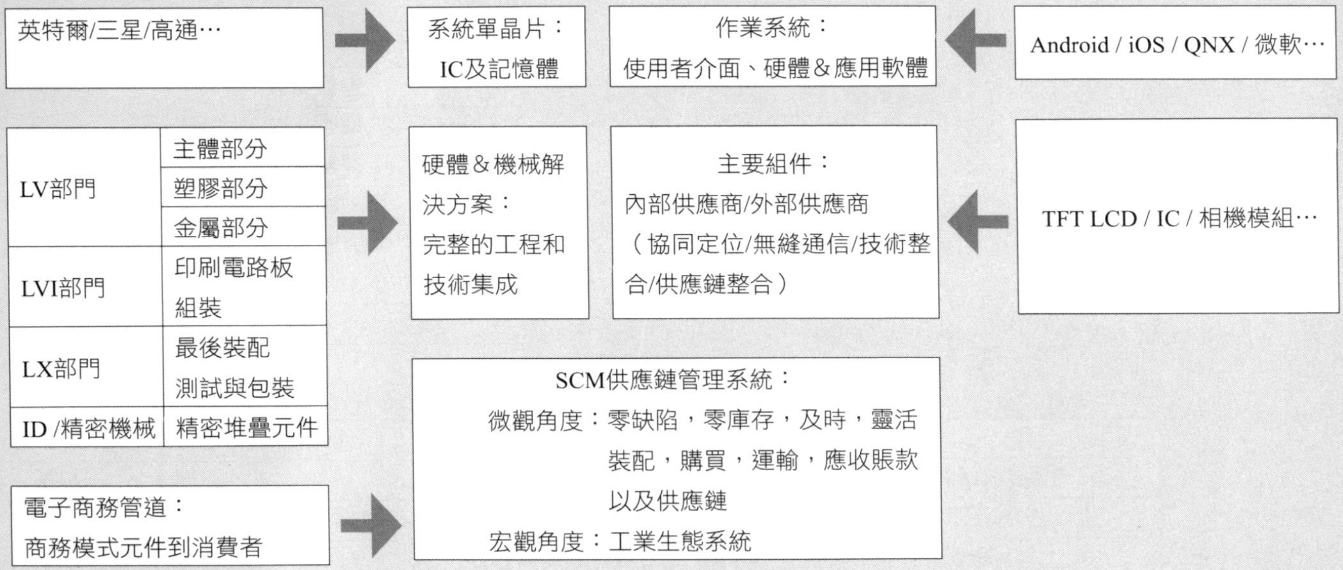

英特爾/三星/高通…
系統單晶片：IC及記憶體
作業系統：使用者介面、硬體&應用軟體
Android / iOS / QNX / 微軟…
LV部門：主體部分／塑膠部分／金屬部分
LVI部門：印刷電路板組裝
LX部門：最後裝配／測試與包裝
ID /精密機械：精密堆疊元件
硬體&機械解決方案：完整的工程和技術集成
主要組件：內部供應商/外部供應商（協同定位/無縫通信/技術整合/供應鏈整合）
TFT LCD / IC / 相機模組…
電子商務管道：商務模式元件到消費者
SCM供應鏈管理系統：
微觀角度：零缺陷，零庫存，及時，靈活裝配，購買，運輸，應收賬款以及供應鏈
宏觀角度：工業生態系統

數位科技的發展進程

資訊革新

語音	聲音/廣播	電話	伺服器	有線
文字	短信/微信	尋呼機/個人電腦	伺服器	全球移動通信系統
圖像	2維/3維 圖像遊戲/動畫	行動電話	雲服務	從2.5G通訊技術到3G
影像	電視/電影	11圖示	雲服務	光纖/4G通訊技術/5G通訊技術
	內容創建	資訊處理	雲儲存	網路傳輸

+互聯網8種生活方式	工作
	教育
	娛樂
	家庭和社會
	安全與防護
	衛生保健
	電子商務和金融科技
	綠色環保

6種運營方式

虛擬：　資訊　　資本　　科技

　　　　IT　→　ICT　→　IPT（資訊處理技術）　→　產生視頻資訊

真實：　人才　　貨物　　處理

鴻海是一個平台

革新	IIDM/SM 戰略投資	Kich2Real 技術服務	工業4.0	
技術	機電光學集成 顯示	無線網路 精密建模	伺服器、存放裝置 材料	顯示
一站式購物服務	工具 後勤	設計 供應鏈	測試與檢驗 系統集成	工程
基礎設施	6種運營方式 靈活性	超過100個據點 容量	超過20個國家 研究與開發	

（姜淑敏整理）

鴻家班簡歷

【Box2】

1. 野村勝明（新任代表董事、副社長）

曾任夏普副社長、東京分社社長等多職。擔任堺工廠董事長達4年，深得郭董賞識，據傳行事風格近似鴻海。

2. 高山俊明（新任代表董事）

曾任富士康日本福岡事務所所長及富士康日本代表董事。現任堺工廠副社長。中文流利，郭董赴日時的秘書兼翻譯。

3. 長谷川祥典（任執行董事）

兼任通訊系統事業統籌兼通訊系統事業本部長。開發無邊框手機「AQUOS Crystal」與「emopa」的幕後功臣。

4. 沖津雅浩（執行董事）

兼任夏普電子營銷公司董事長。負責拓展家電海外市場及研發相關產品。

5. 中川威雄（董事）

東京大學工學系大學院精密機械工學博士。創辦精密技術公司。現任精密技術公司代表取締役會長，富士康集團特別顧問、首席技術長。

6. 中矢一也（董事）

曾任職松下四國電子公司董事，松下醫療控股公司代表董事等。

7. 石田佳久（董事）

索尼CEO霍華德・斯金格的時代，擔任其助理，也是讓索尼筆電「VAIO」嶄露頭角的要臣之一。

8. 劉揚偉（董事）

交大物理系畢業，曾任聯陽半導體總經理，華升董事長。現職鴻海數位產品事業群系統產品總經理、虹晶科技董事長。

9. 孫月衛（代表董事）

曾任富士康日本技研董事長，曾主掌深超光電。目前是SDP代表董事。

（沈采蓁・詹琇雯整理）

夏普社長室幕僚

【Box3】

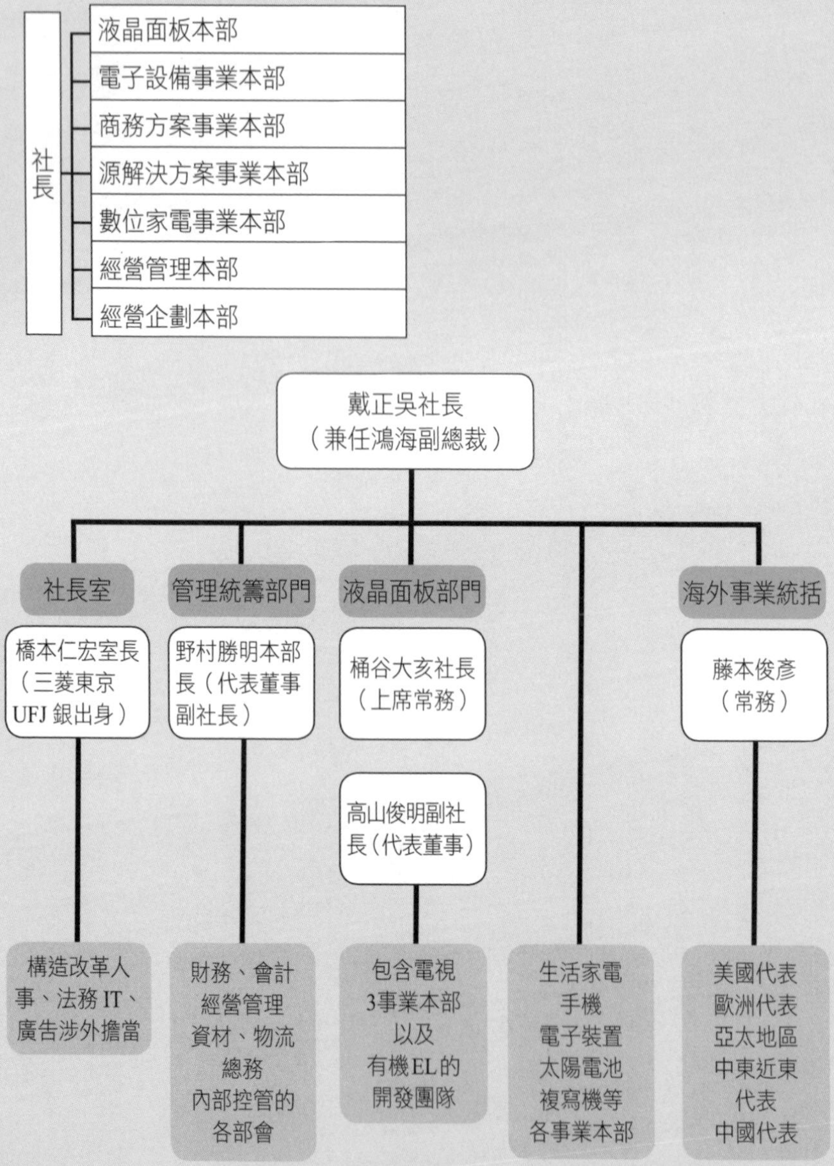

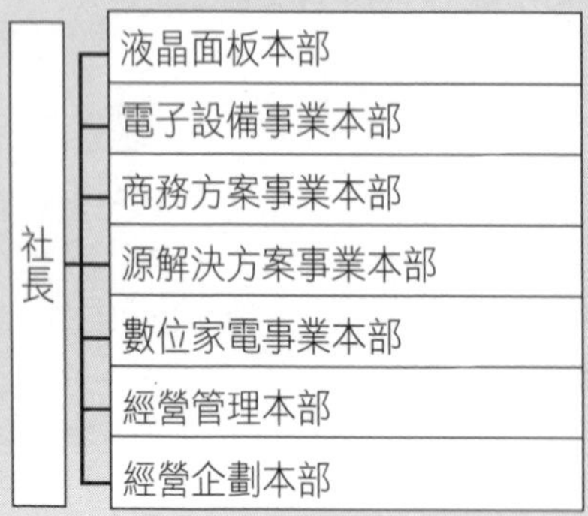

社長
液晶面板本部
電子設備事業本部
商務方案事業本部
源解決方案事業本部
數位家電事業本部
經營管理本部
經營企劃本部
戴正吳社長
（兼任鴻海副總裁）
社長室
管理統籌部門
液晶面板部門
海外事業統括
橋本仁宏室長（三菱東京UFJ銀出身）
野村勝明本部長（代表董事副社長）
桶谷大亥社長（上席常務）
藤本俊彥（常務）
高山俊明副社長（代表董事）
構造改革人事、法務IT、廣告涉外擔當
財務、會計
經營管理
資材、物流
總務
內部控管的
各部會
包含電視
3事業本部
以及
有機EL的
開發團隊
生活家電
手機
電子裝置
太陽電池
複寫機等
各事業本部
美國代表
歐洲代表
亞太地區
中東近東
代表
中國代表

參考日本媒體

側寫夏普百年首位外籍社長戴正吳 【Box4】

手中的牌再爛，只要好好地打，還是有贏的機會

夏普第8任社長戴正吳從2016年8月宣誓就職後，立刻住進大阪阿倍野區夏普的員工宿舍早春寮。

早春寮是有30年屋齡的5層樓建築，夏普的舊總部在附近，離創辦人早川德次一手創辦的育德園和老人照護中心等福利機構不遠。戴桑就在與早川因緣深厚的地區早出晚歸。宿舍房間有8帖和10帖榻榻米兩種，這種空間，對勤儉刻苦慣了的戴桑來說，夠大了。

住宿舍，可和員工搏感情；出勤，不搭豪華轎車改搭廂型車。對想早日融入夏普的戴社長而言，以身作則地嚴格執行平民化作風，可以破除與員工之間心理和階級上的藩籬，激勵員工，便於及早並順暢地改革。

儘管行事低調，但職位的重要性未減。因此，在搭車赴堺工廠上班前，有個小小的煩惱必須克服，就是躲日本記者。

上任後有一陣子，每天早晚，日本記者排兩班制等他出門套新聞。一開始，戴桑每天6點40分出門，7點上班。在鴻海做過新聞發言人，自稱不太喜歡讓媒體採訪的他，對著聚攏而至的7、8名日本記者仍以禮相待。後來改6點出門，記者仍守候在外，再提前改5點30分，記者還是在。有一次，故意提早10分出門，有個記者為防他走岔路，在稍遠處觀望著，一副等著堵他的態勢。

日本記者的敬業態度令人感佩。但窮追不捨事出有因。因為他們對鴻海和戴桑都不熟，更不知道這個陌生的台灣籍社長，會使出什麼殺手鐧對付夏普？這讓人感到不安。務實的日本人追求確定的答案，心有疑問，偏好面對面地觀察對方的言行，用自已的雙眼探虛實。川普當選美國總統，搶頭香親赴美國探路的就是安倍晉三。

比郭台銘更郭台銘

鴻夏戀塵埃落定後已過了半年，但不僅日本媒體，台灣Google也每天刊登相關新聞。戴桑曾開玩笑地引述：「有人說，駐日代表謝長廷的報導比不上你，連蓮舫要選日本民進黨主席，新聞都沒你多。」

日本作家安田峰俊形容他「比郭台銘更郭台銘」，這是從郭董工作16小時，他則17小時，郭董8點召集公司會議，他的小組則7點開會的拼戰精神來

看；日經商周記者齊藤美保觀察到，戴桑陪伴君側沉默低調，一旦在自己的場子，語帶客氣地操著日語邊帶手勢，「是另一種強勢」。

例如，2016年8月21日是週日，戴桑照樣把日本幹部從家裡召來開會。然後，透過40張 PPT 講了8小時經營方針。聽說一直擔心鴻海做不好的董事中川威雄（Fine Tech公司董事長，郭董的導師兼鴻海顧問）聽完後，大為放心。「開了7次董監事會議，審了59件案子，各事業部門的改革和成長都做了交代，」戴桑在12月27日給員工的第5封信中陳述。

赴任後3個月，戴桑特別抽空在2016年10月29日大同大學校慶日，返回母校接受榮譽博士學位。這一天，他照例提早到場，深灰西裝搭配暗紅領帶，顯得喜氣洋洋。接受學位頒獎後，在禮堂的演講中，流露出風趣的另一面。操著台灣國語的戴桑，自我調侃這輩子只拿過「全勤獎」，在流行「來台大，去美國」的求學時代，由於家境不好、母親中風，只好選擇畢業後就可去大同公司上班的大同大學、選修不用花錢的日文學分，然後搭往返7小時的火車，回宜蘭頭城照顧中風的母親。

戴正吳在貴賓室等著接受母校頒發博士學位

演講題目是「從母校——大同邁向國際舞台」，主旨是當面臨人生的轉折點，該如何選擇、接受挑戰、勇敢轉型並創新。他用 PPT 呈現自己人生中的11個轉折點（大專聯考的選擇、走出去海闊天空、轉型電子業製造管理、公司轉型的必要、專才與通才、轉型精密零組件、競爭產品事業經營、重披戰袍、前進貴州、轉型商貿虛實結合、轉戰夏普挑戰未來），將人生每個階段與工作體驗做了對照和呼應。

從宜蘭頭城到國際舞台

1951年在宜蘭出生的戴正吳，35歲那年從大同公司轉職到鴻海精密工業，擔任郭董特別助理。當時的鴻海成立12年，營業額10億日圓、員工不到300人，是中小企業。但鴻海隨後於1987年成立「對日工作小組」；1988年採用豐田汽車5S（整理（SEIRI）、整頓（SEITON）、清掃（SEISO）、清潔（SEIKETSU）、教養（SHITSUKE））管理法；1991年順利協助公司上市；1992年，晉升副總經理，1995年，引進日本長期訂單；2001年擴增組織為競爭產品事業群；2004年獲升副總裁；2007年領導當時9大事業群中的消費電子產品事業群，且每能以降低成本和提高生產效率在集團內各事業群中多次脫穎而出

（2001至2010年，7次獲第1名，2次獲第2名）；2011年主導堺10代廠，翌年成功入主堺10代廠。

在2000年代，鴻海與日本有關的業績驟然提升，尤其是取得索尼遊戲機「Play Station 2」的訂單等，咸認與戴桑入社有關，這段經緯至今仍為人記憶。

綜合台灣媒體報導，索尼下訂單前一天，戴正吳得知鴻海在競價時會輸掉，於重擬估價單後，派遣員工搭最後一班飛機飛往日本。翌日，索尼負責業務的人上班前，鴻海社員已守候門口。在報價截止前最後1小時鴻海逆轉勝，取得訂單。對戴桑蒐集資訊的能力、果決力和速度感，贏得郭董高度信賴。

與鴻夏戀談判期間郭董在日本媒體的高曝光率相比，戴正吳顯然黯淡許多。但任職後數度亮相，上陣時一定用日語表達的他，逐漸為日本人所知，有了印象：「喔，那個鴻海的日本先生。」

鴻海多跟歐美做生意，所以同事多半取英文名字，但戴正吳緊守自己的差異化定位，自居「戴桑」，聽説郭董也這麼喊他。「德川家康」、「日本先生」和「成本先生」是他的綽號。

戴桑的家計簿

被叫做「成本先生」其來有自，例如科技業的平均銷售單價每一年都下滑，而他的因應之道是當產品的定價每下降3成，就設法讓訂單數量成長3成以上。換了是製造方面的問題，就先拆解製造流程，再找可能降低成本的空間。代工製造時期的鴻海因為做的是薄利事業，必須有高人一等的成本策略才能生存，郭董是成本殺手，被認為執行最力的戴桑必不落後。這種本事已充分表現在整治夏普上，他最常掛嘴上的是「降低成本」、「錢不能亂花」、「夏普以前像世家子弟」……，公司損益計算表肯定每天過目，實際行動包括組織瘦身、關閉或縮編工廠、處理公司大樓、與供應商交涉降低採購價等。還有，以前公司預算要1億日圓才需要社長批准，現在只要超過300萬日圓就要呈報，並提及夏普有個主管爭取到一個案子降低11%的實例，鼓勵員工將這種鍥而不捨的精神發揮在各領域。

戴正吳曾是鴻海設備購買部門負責人，掌握年額1700億日圓的預算權，是備受信賴的忠實大掌櫃，其嫻熟預算的掌控和規劃自不在話下。2016年11月1日，戴桑在日本召開記者會宣布夏普4至9月財報，營收雖仍衰退28%，但在嚴控成本的政策下，銷售成本降低32%。日本有部電影「武士的家計簿」（武士の家計簿），講的就是如何勤儉持家苦盡甘來的故事。主角是加賀藩（現石山縣、富山縣）的帳房武士豬山直之（1812-1878年）。因父親那一代揮霍敗家加上武士階級式微，生活日益艱苦。但豬山靠一只算盤和記帳本錙銖必較戰兢度日，最後債務還清，守護了家族，還因認真管理帳目獲得升遷。在日本經濟長期低迷之際，有人認為武士豬山的精神值得效法。

戴桑現在手上也有一本夏普的家計簿。身為營業額約5兆元企業副總裁和日本大型公司領導人，他以身作則、節約如昔。出入冬寒風強的邊境堺工廠期間，不支薪（任夏普董事的薪資）、沒有秘書、謝絕私人轎車、住員工宿舍，名言是「生活條件與戰鬥條件一致者強」。

未達100分的日本先生

2017年2月3日夏普副社長野村勝明公布去年10月至12月營業狀況有改善。戴桑隨後向媒體表示「節流」雖成功，但要開始「開源」。做法包括：獲利要常態；投資新事業；員工心態需調整。

儘管戴桑嚴以自律且自詡有日本經驗，但看在日本人眼裡，形象究竟如何？自由作家安田峰俊和《EMSOne》雜誌總編輯山田泰司，從不同的角度評分。

「打分數的話，戴桑還不到100分，大概是60分到70分的日本通吧，」是安田峰俊的評語。理由是他的日本經驗不夠深入，不若留學生或曾在日本企業工作者，而且如何看待日本社會對他們的觀感，也是一個問題。因此建議戴桑要更謙虛，承認自己對日本和日本人了解得並不充分，以退為進，那麼，日本人也會顧慮他是外國人，而願意互相了解，藉以解決台日文化的矛盾，進而降低改革風險。

另外，在郭董指揮、戴桑執行體制下的夏普再建，有優點也有缺點。優點是「郭董的頭腦和戴桑的行動力都非常厲害，」安田如此評價，而以日本人忠於組織的上班族氣質，搭配鴻海大膽且快速的管理，「身為郭董忠實執行者的戴桑，可能會成功」。但另一方面，由於他也是鴻海副總裁，對可能來自郭董朝令夕改的號令及外界的觀感，或許會成為他重建夏普時的枷鎖。例如，直到被封社長以前，對媒體矢口否認到底；剛在日本記者會（2016年11月1日）表示有機EL的未來發展不明且夏普的技術不成熟，宜慎重，但下個月就傳出2017年試產，接著要量產。

鴻海講求速度及高勞動量的管理風格，能否被日本上班族接受則是山田泰司的關心。據了解，2015年日本的勞動時間一年1735小時，工時在OECD（經濟合作暨發展組織）35個國家中第17名高，但勞動生產力第21名低。鴻夏戀談判期間，郭董一再強調絕不裁40歲以下的員工，畢竟員工的體力是戰力。

山田泰司指出，日本人對高度成長期蜜蜂式拼戰方式，已逐漸敬而遠之。主因是目前日本40世代（40~50歲）以下，大多成長於泡沫經濟之後，且歷經就職冰河期（1993-2005年，日本社會就業困難時期之通稱，指就業市場如冰河期般寒冷）所謂迷惘的一代，價值觀不同於上一代。

因此，面對外資麾下嚴控成本又要求高效率的管理，夏普人既要重新適應企業文化，還可能需要改變工作步調，未來面對的挑戰並不輕鬆。

小羅斯福總統的牌

跟隨一代霸者「成吉思汗」郭董達30年，備受信賴且一路攀升，戴正吳自有因應之道。相對於郭董重大局、戴桑擅長細節，兩人搭擋不無互補作用，而且都是有決心的人。「沒有文化的問題，就看你有沒有用心做，」是戴桑的堅持。無論是否輕看問題，但2年後，帶領夏普重返東京證券一部是粉身碎骨必達使命，為提升士氣，唯有正向鼓舞。

此所以雖公布信賞必罰，例如幹部做不好一樣降職，但另一方面也敢於犒賞員工，表現優秀的員工可獲得股份購入權（Stock option）。上任數月就寫了5封信給員工，除提示改革及成長之道，不忘打氣。在給夏普員工的第4封信感性提及，他不僅已獲得夏普社友會（夏普離職員工組成的會）支持，並在2016年11月13日與夏普創辦人早川德次女兒早川住江餐敘後，獲一幅早川親筆寫的扁額「以和為貴」，且當晚回家路上的月色極美。翌日，巧遇68年最大滿月，將月亮的光輝與夏普的命運做連結，「希望夏普能一步步的，如昨今的月亮般愈來愈閃亮。」

大同校慶日為學弟妹辦的就業座談會上，他說了一則小故事。主角是美國的小羅斯福總統。小羅斯福小時候脾氣不太好，每次跟媽媽打橋牌的時候，只要手裡拿到的牌不好，就隨便打，結果總是輸牌。有一次，小羅斯福的母親攤開自己的牌，對著他說：「我的牌比你的還差，但為什麼會贏你？因為不管我拿到什麼牌，都好好地打，所以還是有贏的機會。」凡事盡力而為是戴桑的信念。即便異國老舖經緯萬端，整治之路不平坦，但同舟共濟團結一心，終有起死回生的一天。

獲贈早川親筆扁額

（姚巧梅整理）

戴正吳在鴻海的足跡

1986	・7月1日加入鴻海精密工業股份有限公司，任職至今。 ・擔任特別助理。
1987	・成立對日工作小組。
1988	・參與公司前瞻小組，積極投資中國大陸。
1990	・主導大陸垂直整合生產製造體系。
1991	・擔任股票上市小組召集人，並於1991年順利上市。
1992	・晉升副總經理，成立競爭產品事業處。 ・擔任鴻海公司對外發言人。
1994	・成立PCA產品處。
1995	・引進日本長期訂單。
1996	・主辦品質戰鬥營。 ・參與深圳總部的建廠及電腦機殼的營運。 ・率先引進SMT生產，至今集團已超過1800條生產線。
1998	・成立集團內第一座PCB工廠及研發PCB板。
1999	・接管恆業PCB廠並轉虧為盈。
2000	・研發主機板，並轉型整機OEM BUSINESS。
2001	・事業處擴編組織為競爭產品事業群。 ・恆業完成三合一（恆業、群策、欣興）上市。
2002	・協管廣宇科技股份有限公司。
2003	・研發並拓展光碟機相關產品事業。
2004	・7月1日晉升集團副總裁。 ・成功併購 Thomson DVD 及其機芯部門。
2005	・於深圳設立金鹽廠並取得該省第一張生產許可證。 ・開發筆記型電腦，並獲品牌大廠訂單。
2006	・由OEM轉型為 JDM/ODM。

2007	・消費電子產品事業群正式成立。 ・研發LCD TV產品。
2008	・獲LCD TV知名品牌長期訂單。 ・前進煙台、崑山工廠，布局成華北、華東、華南三基地。
2009	・接管普立爾。
2010	・併購重要客戶之墨西哥及斯洛伐克電視組裝廠，拼圖電視世界版圖的美洲及歐洲兩大區域。
2011	・兼任乙盛公司董事長。 ・主導堺10代液晶廠合作案。
2012	・成功入主堺10代液晶廠公司。 ・創新模式暢銷大尺寸電視於台灣/中國/北美各地區。
2013	・E次集團正式成立。 ・乙盛公司掛牌上市。
2014	・於台灣成立機器人研發中心。 ・貴州第四代產業園完工，並獲美國綠色建築協會頒發白金級標章。
2015	・生產全球最知名機器人──沛博。 ・擔任群創公司董事。 ・布局全中國商貿線上線下，力求再轉型。 ・主導夏普戰略投資專案。
2016	・4月2日於日本舉行投資夏普簽約儀式。 ・8月13日就任夏普社長。

參考：戴正吳提供給大同大學資料（黃丹青整理）

資料來源：日本網路 【Box5】

（黃丹青整理）

在夏普股東大會現場

【Box6】

本文將股東的提問歸類後，以股東和夏普經營陣對答的方式呈現。（ ）是作者加註或意見。

1. 針對夏普經營責任的提問集中在裁員問題、人才流失和經營能力。

(1) 關於裁員。

贊成裁員派股東發問：「高橋先生（指當時的社長高橋興三），你重建夏普完全不行！夏普應該要裁員10000人才行。對員工太好，等於無視股東的存在。果然是日本式經營！每年有幾千億日圓的赤字，這哪是大阪商人會做的事？」

反對裁員派股東提問：「我以前曾在夏普工作。夏普曾解雇幾千名員工。為什麼幹部後來又跑到日本電產就職？被外資收買這種見不得人的事竟然發生，都是你們的錯！」（說完，會場響起一陣鼓掌）

「我曾在夏普工作。夏普員工都知道有5個要珍視的積蓄，信用、人才、資本、服務和客戶，這些積蓄，現在呢？像日本電產的永守重信先生，還有稻盛和夫，他們就不會裁員。到底怎麼回事呀？」（稻盛和夫經營的「京都陶瓷」未有裁員的風聞，但受託拯救JAL日本航空時，據傳裁員上萬人）

＊橋本仁宏回答。

橋本：「無論是否接受出資，為提升公司的經營效率和追趕全球化趨勢，裁員是必須的。今後為了追趕全球化，人員的更迭是必須的，但目前還沒決定怎麼做。」（這是夏普員工、日本媒體和日本人最關注的問題）

(2) 關於人才流失。

股東問：「為什麼讓片山幹雄和其他人會跑到日本電產？這麼一來，夏普不就成了培養人才的搖籃嗎？」

另一名女性股東問：「儘管有選擇職業的自由，但很難判斷同業是否會發展和夏普一樣的新事業。無論如何，人才流失對夏普是一種損害。希望以後在合約中註明離職5年內，不能跳槽到同類公司。」（針對夏普幹部和從業員們離職後，轉職到日本電產等一事，股東們的關心度仍高。日本電產後來果然宣布要進軍物聯網新事業）

＊高橋興三回答。

高橋：「日本電產現在做的事業，不至於和夏普競爭。雖然不知道將來會變得如何，總之，日本電產以製造馬達之類的設備設備為主。」

「員工再就業是他們的自由。不過，夏普和員工之間訂有誓約書，在原公司獲得的知識和技術，不能使用到轉職後的公司。由於無法禁止員工轉職，只能依賴各人的判斷。」

「5個積蓄我當然知道。最近3年來，我們很努力，但做得還不夠完美。我們經營上的速度，無法跟上世界，為此，再度向各位道歉。」（說完，一鞠躬）

(3) 關於經營能力。

a. 桌面下的交易和注資匯入問題。

股東問：「聽說銀行、鴻海、夏普已在台面下說好要把夏普賣了，是嗎？不是有個條款嗎？夏普如果被迫接受無法接受的條件，就可以停止結盟。可是，傾向銷售的協議一直在進行中。」（講到這裡，經營陣的表情頓時緊張了起來）

「鴻海會不會以夏普今年第一年度的1/4的業績為由，而停止出資？到底何時才能有盈餘？請提出有力的說明。」

＊高橋興三和橋本宏仁回答。

高橋：「從液晶面板開始，電視、手機和太陽電池事業，銷售都陷入苦戰。只好放棄自力重建。夏普會從東證一部換到東證二部（目前已掉至第二部）。向各位致最深的歉意。」（說完，一鞠躬）

「出售夏普的股權，需要股東大會同意、取得股東們的了解後，才行。如果出資沒有完成，銷售夏普這個條款才會刪掉。」

「我們以全額出資作為條件正在進行協議。目前，壟斷獨佔法的審查，只剩一個國家（中國）。所以全額出資的應該不會很快完。」

「你指的那個條款只有在夏普不想合作時，或基於巨大災害導致工廠崩毀之類這種不可抗拒的因素，導致合約無法履行才有效。但是，我們完全沒想過會發生這種事態。6月中旬的全額出資期限已近，已經朝完成出資這個方向邁進。」

「另外，我不認為鴻海會因為夏普的收益這個理由而放棄出資。關於夏普的經營現況，我們都一五一十地讓鴻海了解了。」（這時，會場有股東喊道：

「那就趕快讓鴻海出全額吧！」）

橋本：「事態不會變成這樣。我們會盡全力讓鴻海完成出資。」「對夏普來說，現階段最重要的任務是讓鴻海完成出資。我們會盡全力認真地協議。」（經營陣努力地安撫不安的股東）

b. 斥責經營陣。

股東問：「進到會場後發現，儘管各位董事們一排坐在前排，但我覺得，現在真正在戰鬥的人，一個都沒有！為什麼我還願意擁有股票？因為我還相信夏普！各位多維護點尊嚴吧，怎麼能輸給鴻海一匹狼董事長？夏普的尊嚴請多維持吧！」

（台上的經營陣面面相覷）

「這是繼去年的質詢。我買了夏普的手機，才1年2個月整個基盤就壞掉了。手機的基盤相當人的心臟或腦。因為製造這種商品，所以才會倒閉，不是嗎？這是我的不滿。有這種品質管理所以才變成今天的夏普！還記得嗎？我去年問過，這家社長的臉長什麼德性？對方還回答，就是這張臉。還記得嗎？！」

（由於股東的聲音激動，有人笑了起來。高橋沉默著。帶著苦笑，一副無奈的樣子）

「夏普的幹部們應該負起責任，如何？還好意思領退休金？」（全場響起熱烈的掌聲）後來高橋興三搶白了一句，「從2008年以後就沒有領了」。「那是當然的啦！」這一句回話，讓全場的氣氛沸揚了起來。

「我無意攻擊個人，但是，我想請問在座的橋本先生和野村先生。我看了兩位的經歷後知道，當時片山先生（第5任社長）開始暴走的時候，你們兩位分別擔任會計和液晶的本部長。當時沒有阻止片山先生暴走的兩位，為什麼還繼續待在夏普？換了是我，會覺得愧對股東和員工然後請辭。堺工廠的經營轉盈餘是託鴻海的福，可是跟著搞破壞使壞的兩位，為什麼還留任？」

＊高橋興三回答。

高橋：「我代表回答。這次的人事是由指名委員　董事會決定的。關於堺工廠轉虧為盈，鴻海雖然有功，但平日踏實經營的經營陣也做了努力。」（夏普新人事中，野村勝明是夏普副社長、橋本宏仁是社長幕僚室室長，都是董事）

c. 夏普內部董事結構的問題。

股東：「我這是講給金融機關出身的董事聽的。如果早點找來像日本電產的永守重信先生，或者基恩斯（KEYENCE CORPORATION，製造計測機器、情報機器、光學和墊子顯微鏡等）創業者（瀧崎武光）那種優秀人才來當夏普經營者，應該不會淪落成現在這樣。從金融機關找來的社外董事（社外董事是公司外部的人），何不把董事的報酬，拿來做培育夏普員工們的獎金？董事不是應該自己帶頭嗎？聽説鴻海的郭台銘董事長昨天（2016年6月22日是鴻海股東大會）在台北的股東大會上宣布，將導入信賞必罰的人事制度。我認為，應該從董事的信賞必罰開始做起吧。比起從業人員，董事應該優先實行，這是一般常識。」

＊高橋興三和橋本仁宏回答。

高橋：「關於董事的報酬，從平成24年（2012年）以後，獎金就都是零。」

橋本：「為鼓勵員工，夏普將導入優秀員工『Stock option』（股份購入權）制度，鼓勵每一個員工發揮能力，很重要。」

2. 夏普產品失去魅力和廣告代言人問題。

股東：「聽説消費者不想買夏普的產品了？」

「夏普的廣告代言人是吉永小百合小姐。聽説這位日本第一的女演員，演出費也是日本第一？為什麼現在還是她在代言？聽説町田勝彥社長是她的粉絲，這位前社長還有影響力嗎？我覺得吉永小百合小姐不適合現在的夏普，松下電器的廣告就很有生氣，看了會想買。夏普做的廣告很沉重，根本不想買。」

＊高橋興三回答。

高橋：「關於消費者不買夏普的產品，我自己也做了調查。在數量方面，4K電視和冰箱的業績都還不錯。雖然不能説是報導有誤，但根據我的了解，實際的銷售數據並沒有下滑。」

「吉永小百合小姐當夏普的代言人並沒有受前社長的影響。吉永小姐在年長的世代中有高人氣，而且也比較理解夏普。」（除了吉永小百合，夏普已另找了兩名較年輕的女優當代言人）

3. 質詢夏普成為鴻海傘下的經緯及出資額降低。

反對派股東：「為何選鴻海？」

「鴻海是一家代工製造銷售的企業，根本不懂夏普的品牌價值。4月（2016年）簽約以後，約定好的事還變來變去，不僅潑了從業員冷水，還讓消費者對夏普失去信賴。」

「Terry郭像狼來了少年，變來變去。説什麼或有債務的，出資金一下子少了1000億圓，還這個那個的附加各種條件，簡直沒把合約當一回事。和革新機構競爭時，鴻海為什麼不提這些附加條件？聽說夏普如果有問題，只買液晶？承諾，是重要的事。夏普面臨瀕死狀態，不得已才接受出資的。」

贊成派原夏普人股東：「我從心底感謝鴻海郭會長具備勇氣的決斷。他一定感受到夏普品牌的魅力。我以前在英國負責銷售夏普的產品。是辻晴雄（第3任）社長提拔我做美國方面負責人。當時，比起豐田，夏普的品牌評價更高。但是，那個夏普已經逐漸消失了。」

＊橋本宏仁和高橋興三回答。

橋本：「為了日後的成長和資金的確保。從財務綜效來看，接受鴻海是最佳選擇。」

「鴻海和產業革新機構雙方的提案，都是慎重檢討後的結果。」

「我們判斷接受鴻海的支援是最佳選擇。交涉過程，無法在此詳細說明。我們決定優先接受能確實出資的企業。請理解這是經過我們雙方真摯協議的結果。」

「減少1000億日圓是因為交涉條件發生改變，其中經緯不便在現場詳述。」

「鴻海只選液晶的事不會發生。即使發生不可抗力的事或鴻海那邊有什麼瑕疵也不至於。就算發生巨大的災害，判斷工廠（堺工廠）不值得買，日本政府也會介入。但是，我們從來沒做過這種假設。」

高橋：「向鴻海報告偶發債務，是為了讓鴻海的出資能更明確地履行。這是來自自外部的建議，動機是為了雙方能真誠地合作。至於我本身的去留，早已打定主意，不管跟誰合作都會卸任。」（高橋興三表態自己毫不戀棧，願意為夏普經營失敗負責）

4. 夏普的未來。針對海外策略、AI（人工智能）、IoT（物聯網）等策略。

股東：「關於海外戰略，你們具體的考量是什麼？全交給鴻海負責嗎。針對高齡化社會的產品開發戰略完全看不到。覺得你們漠視有潛力的高齡市場，只知道推出年輕人接受的產品。」

「AI和IoT都是數位技術，難道你們的復活想靠讓經營不振的元凶數位領域嗎？」

「關於軟體，不是誰都會做嗎？」

＊高橋興三長谷川祥典回答。

高橋：「在海外策略方面，因為近年業績萎縮，所以一直從歐美市場撤退。

但是，鴻海出資後，方向會有很大的改變。關於高齡者產品，佐佐木博士（佐佐木正，1970年代的副社長）建議我們開發機器人，所以，RoBoHoN 誕生了。」

長谷川：「夏普的強項之一是家電。虛擬結合實質的家電是今後要發展的領域。目標是用家電產品串連網路，提升消費者的生活品質。」

「軟體並不是誰都能做的。例如蘋果的iPhone技術、產品，就不是每個人都做得出來。軟體具有企業價值和商品價值。」

「希望業績和盈餘盡快提升。我繼續擔任董事，就是想協助夏普的業績提前好轉。」

5. 綜效問題

股東：「我從廣島來。聽說收購的是鴻海，很放心。其實我也是產業革新機構傘下JDI的股東。買了股票後，JDI的業績根本不行，感覺像在戲弄投資家。JDI沒跟夏普聯手真是太好了。我希望夏普贏過JDI。聽說蘋果iPhone的顯示器要從液晶改為有機EL，夏普的顯示器和JDI相比，好在哪裏？開發情況怎麼樣？

「夏普在全球競爭中，能贏嗎？」

＊桶谷大亥、高橋興三和野村勝明回答。

桶谷：「JDI的液晶稱為G6，必須要尺寸較小的玻璃電路板才能對應。夏普則是G10，能夠對應比較大的尺寸。」

「夏普在液晶方面的強項是LTPS技術。夏普的優異技術是IGZO。由於具備融合LTPS和IGZO的能力，所以大小尺寸的液晶面板都能做。連120吋的都行。有機EL雖還沒有量產線（已宣布2017年設生產線，2018年量產），但已有10多年的基礎研究經驗，擁有的專利也很多。借重鴻海的話，就有出口。因為他們擁有很多客戶，希望能一鼓作氣追上韓國。」（會場響起鼓掌聲）

「和鴻海策略合作，一定能創造出綜效。兩家可以透過有競爭力的商品和服務，開拓新的世界。」

高橋：「鴻海負責和夏普交涉的戴正吳先生（8月後正式成為夏普社長）是位能說日語的日本通。野村勝明曾擔任堺工廠董事長4年。夏普會做很大的改革，希望提前實現盈餘和重建。」

野村：「為了在全球競爭中獲勝，夏普自己一定要挺住。」

「液晶顯示器事業是夏普的大支柱。夏普擁有長年累積的技術，鴻海則具備向全世界銷售的規模和速度。」

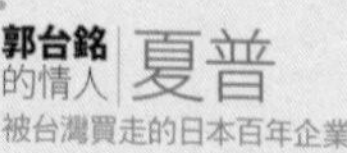

「家電事業也會繼續發展。將活用鴻海的供應能力，結合人工智慧和物聯網，形成智慧物聯網「AIoT」。夏普開發的手機機器人RoBoHoN，已開始受到矚目。」

「鴻海具備全球化的生產能力、調度、技術和顧客基盤，不僅中國、亞洲、歐洲和美國，都有能力全方位地去拓展。」

「如果股東大會同意，我們就能接受來自鴻海過半的出資。夏普的名稱仍會保留，夏普永遠是夏普，一起努力吧。」（會場再度響起掌聲）

股東會中有謾罵、鼓掌、笑聲等交織，氣氛熱烈，時近1點還不散場。整體而言，股東會在先緊繃後弛緩的氛圍下，通過接受鴻海出資案。

※本文除筆者錄音外，也參考其他日本媒體資料增刪而成。

（姚巧梅・詹琇雯整理）

戴正吳改革夏普計畫摘要 【Box7】

（一）3大經營方針改革：重新認識業務流程、大幅提高成本意識和賞罰分明的人事制度。

1. 重新認識業務流程

- 夏普專攻商品企劃、開發和銷售經營，鴻海全面支援採購及生產，以改革供應鏈為目標。
- 在做體制改革的同時，業務部門明確地釐定收益責任，推動「分社化經營」模式。
- 針對經營管理、法務審查等業務部門以及研究開發與IT等部門，進行業務重組，使之產生最大的效能。

2. 大幅提高成本意識

- 透過各事業群自行控制成本，比提高銷售額更容易達成。儘速調整成本以利銷售額之提高。
- 拜訪各事業群時，發現仍有成本降低的空間。不僅節省開銷，還需活用資產，透過成本控制，提高經營效果。

3. 賞罰分明的人事制度

- 賞罰分明的制度與年齡、性別、國籍無關。將以透明、公正的考核制度評估績效。
- 繼管理職後，也將沿用於一般員工。
- 轉虧為盈後，將發放員工分紅，打造高成果高待遇的體制。
- 躲避挑戰，拿不出成果的管理職將被降職。

（二）重建計畫13個步驟：

- 企業子公司化經營（擬定責任和權限明確的組織，加速擴大事業）
- 透過改善待遇，提高士氣
- R&D改革
- 專利改革

・IT改革
・人事改革
・法務改革
・企業溝通和強化社會責任
・經營管理改革
・成本意識大幅提高
・會計、稅務改革
・財務改革
・供應鏈改革（①物流②購買③庫存管理）

（三）為使夏普成為全球品牌、公司得以營運順暢，有必要建立健全的制度，進行大幅度組織變更。具體而言，目標是為讓各部門徹底發揮最大效益、創造高營收。除了擴展未來的事業及降低成本以外，明定各部門的獲利責任、強化各部門的經營體質。總部亦將進行垂直整合，社長室和管理單位將重新編排，使其權責相符並加強與鴻海集團的連結，藉以拓展海外市場。基於上述原因，執行董事人數亦作大幅調整，以期提高企業的整體價值，早日達成目標。

組織變更於2016年8月27日起生效。

〇廢止結構改革執行本部、經營企劃本部、會計財務本部、經營管理本部、東京分公司。重新編制社長室及總管理部
　・社長室有結構改革、人資、法務、IT、發言人及公關部
　・總管理部設管理本部，細分為財務部、會計部、經營管理部、材料部、物流部、總務部、內控部
〇廢止品質環境部門，新設「品質環境本部」
〇費止消費者電子公司，改為「IoT通信事業本部」、「健康·環境系統事業本部」兩個獨立部門。「數位家電事業本部」移至顯示器設備公司旗下。
〇商務方案公司改為「商務方案事業本部」
〇電子裝置公司改為「相機模組事業本部」及「電子設備事業本部」。
〇能源解決方案公司改為「能源解決方案事業本部」
〇顯示器設備公司旗下組織調整為

・數位家電事業本部(原消費者電子公司)
・戰略本部
・營業本部
・開發本部
・新業務開發企劃團隊
・第一事業本部
・第二事業本部

○「海外業務管理」依地區分美洲、歐洲、亞洲太平洋暨中東代表及中國部門
○研究開發事業本部
・研究開發本部更名為「研究開發事業本部」

（四）2016年11月2日和3日，召開「部門改革進展及收益確認會議」，公布三大改革：

1.總部主導部門調整
2.降低成本
3.擴大銷售。

（五）精神喊話：實踐「Be Original」、「One Sharp」、「言出必行」、「做了，就做得到」。

（六）發揮 Be Original 和 One Sharp 精神的實例。
經營信條新定義：「誠意」和「創意」。
(1) 誠意
a. 你所思考的計畫、研發、商談及新商業模式等，真能讓夏普的營收成長嗎？
b. 針對職位權限、業務程序等應遵守的規定，做到了嗎？
c. 工作最基本的三個態度（向上司報告、與工作團隊隨時聯繫、與上司、關係對象相互討論）都做到了嗎？
d. 為獲得利害相關者的信賴，你說到做到了嗎？
(2) 創意
a. 提案是否包含前所未有的嶄新要素、戰略模式和工做方式？

b. 在發表前是否下了工夫，以便聆聽者接納提案？

c. 是否將如何表現得更好放在心上，並設定挑戰目標？

（七）營運方式：

1. 活用閒置設備、廠房。各事業部之間做宣傳廣告時要互助，做一次廣告可宣傳複數商品。

2. 強調分社化經營。分社化經營是為提升經營效率，但彼此之間要互助。例如，2016年9月12日實施「智產權部門分社化」。10月3日正式成立「Scien Bizip Japan（SBPJ）」，是知財營運的獨立事業公司。將徹底追求業務的效率，改善並對夏普有貢獻，可以爭取夏普 以外的業務，擴大業務。SBPJ上軌道後，雖是分社經營，但與各事業部之間的合作更緊密SBPJ的競爭力提高了，其成果也歸還夏普，仍是夏普的成員。即One Sharp。把原本沒人管的5家公司改成10個事業部。包括智財權及物流部門均已分割出來。

特別強化200人規模的社長室權限，並將家電事業切割成物聯網（IoT）、健康環境系統、數位家電等三個事業部，堺工廠（SDP）則併入數位家電事業本部內。另設海外事業統轄部門，旗下有美洲、歐洲、亞太與中近東、大陸等四個分區代表。

3. 現場主義

(1) 2016年10月18日開始，戴正吳在廣島福山事務所花了兩天的時間，召開「IoT物聯網產業動向會議」。會議由劉揚偉發起，召集了夏普和鴻海的IoT部門的人員共12個團隊、66人，討論智慧家庭生活、智慧辦公環境、智慧生產工廠、智慧城市等各方面，相互切磋發表新的想法與技術。在會議中，根據消費市場及技術的傾向做分析，公司的優劣是什麼、今後的經營方向要如何走等。

透過熱烈的討論，鞏固了彼此的信賴關係。透過「IoT物聯網產業動向會議」所產生的新視點，實踐「One Sharp」是一劑強心針，將能加速實現「更貼近人的IoT」理想。

公司已從單賣設備、產品的經營方式，轉移到軟體、服務、甚至智慧家庭、智慧辦公環境等附加價值更高的產業。以這個方針為主，思考以日本旅館的旅客為對象，提供租借「免費撥打國際電話與查詢觀光資訊」的全新商業模式「handy」，並已決定與香港Mango公司合作。

(2) 繼2016年9月後，10月中旬開始，依序走訪了各地辦公室。第一次僅召開幹部會議，這次則以所有管理職為對象，當面談如何落實經營的基本方針，並當場對答。透過與基層幹部面對面的機會，讓大家更理解「Be Original」是什麼，更希望每個人都能下定決心，為夏普的重生做努力。

(3) 於2016年11月2日、3日兩天，首度舉行部門改革進展及收益確認會議。包括海外等部長級以上750名管理者，透過視訊（有37處），確認3個月部門改革的成果，並預測下半年的收益及對新目標全力以赴。

會中宣布3個改革重點。第一，由總部主導部門調整；第二，降低成本。第三，擴大銷售。以實現V型逆轉，因為只靠降低成本或調整部門架構不夠。必須擴大銷售才能增加獲利，因此銷售手法也要改革，例如，恢復1965年開始的ATOM隊。讓夏普全員與營銷店一起進行客戶訪問，了解需求的特別部隊，之後再開發新的銷售方法。

為此，必須提出具體的方案。也許透過建立會員制度提供服務並可可深耕客群，這個計畫命名為「smart home」。希望針對既有客戶和股東需求設想，從而設計出符合需求的產品和服務。

參考「戴正吳給夏普員工的五封信」（姚巧梅、沈采蓁、陳家宇綜合整理）

2016年7月3日週日。東京的溫度高達34度，後來知道當天日本有300多人中暑，1人死亡。當天也是赴日採訪結束前一天，我到新宿高島屋旁紀伊國書店找書。

上午10點，書店裡，稀稀落落。難得的假日，大部分人都還在補眠吧。搭電梯上書店3樓時，無意間瞥見電梯右邊櫥窗有張新書海報，宣傳小說《陸王》，是暢銷作家池井戶潤（1963年–）的新作。文案寫道：「相信勝利。製造分趾鞋襪的百年老店挑戰跑鞋」，主旨是百年老舖重生的故事。

在日本，100年以上的企業叫老舖，200年以上稱長壽企業。日本企業有千年歷史的7家、200年以上有3000多家、百年企業則1000多家。

暢銷作家寫老舖重生的故事，或有其背景和用意。

書還沒出版，店員先遞來一本A5版薄薄的試閱本，書背寫著幾個主要上場人物的關鍵話。「面對困難，一定要跨越才能繼續前進。只要時間和體力允許，除了力拼到底，別無他法，」主角的旁白，讓我覺得似曾相識。

經過10天（2016年6月22日至7月4日）的實地採訪後發現，無論夏普人或外圍人士，給我的印象也是積極正向。與其感嘆失去，不如思考獲得，總結是「除了向前邁進，別無良策」。

這趟採訪，跑了大阪、京都、奈良和東京幾個城市，正式訪問了10多名日本人，還有民眾。其中，IGZO之父細野秀雄教授、東京大學藤本隆宏教授、茨城基督教大學大久保隆弘教授，以及堺工廠顧問矢野耕三、讀賣新聞資深媒體人丸山勝、日經科技記者大槻智洋等人，提供了客觀深入的日本觀點，熊本學園大學中國學者喬晉建的電話採訪及其學術著作《霸者鴻海的經營與戰略》，都是極重要的啟發。

另外，為求報導平衡，曾去函要求採訪夏普3位前社長（町田勝彥、片山幹雄、高橋興三）。結果，町田親筆回以「拒絕接收」，原信歸還；給片山幹雄的信也遭退返，郵戳蓋著「查無此人」；高橋興三則託友人寄來電郵表示不接受採訪，並向夏普公關回報有這麼回事。很遺憾，無法從這幾位關鍵人物口中問到我很想知道的問題：「企業的壯大與延續，該如何折衝與取捨？」

至於和第8任社長戴正吳初次見面，則在2016年10月29日的大同大學校慶。照例早到的戴桑抵達禮堂貴賓室後，我向前打招呼並直接詢問重建夏普的細節和困難。他立刻收起笑容，鏡片後微下垂的眼角雖不銳利，但緊抿的嘴角表現出謹慎的個性。

囿於某些因素，本書採編著和採訪的方式寫成。以鴻夏戀為主軸之外偏重夏普部分，參考書籍及資料採日文者多，主要名單附在書後。

無論透過文學或企業合併，試圖了解並釐清文化的交會和衝突，是23歲赴日求學後永遠的課題，感覺這本書是向自己交代的不完整的報告，提交給購買這本書的讀者們審核。

大地社長吳錫清先生從17年前出版拙散文《京都八年》，迄今依然不吝鼓勵，是讓我向前挺進的重要精神支柱。願意寫推薦文的資策會產業研究所所長詹文男和「內容力」公司負責人、台灣大學歷史系講師陳思宇，他們的慷慨和信任，壯大了我的膽量。老友周慧菁客觀的鞭策建言，讓我撰寫時不致主觀衝撞。淡江日文系的學生們，以詹琇雯、沈采蓁、黃丹青等為首，協助製作小專欄，讓本書更為完整。還有，掛名推薦的淡江大學日本財經研究所所長任耀庭、日本作家安田峰俊、夏普不厭其煩提供資訊但無法具名的日本友人，在此一併鞠躬致謝。

參考書籍・雜誌

《覇者鴻海の經營と戦略》　喬晉建　　ミネルヴァ書房

《シャープのストック經營》　柳原一夫、大久保隆弘　　ダイヤモンド社

《最強のジャパンモデル》　柳原一夫、大久保隆弘　　ダイヤモンド社

《日中台韓企業の技術經營比較》　福谷馬正信　　中央経済社

《シャープ企業敗戦の深層》　中田行彦　　イースト・プレス

《シャープ崩壊》　日本経済新聞社　　日本経済新聞社

《野心──郭台銘伝》　安田峰俊　　プレジデント社

《2015年の日本　新たな開国の時代へ》　野村総合研究所　　東洋経済

《日本を創った12人》　堺屋太一　　PHP新書

《老舗の伝統と近代》　塚原伸治　　吉川弘文館

《異文化理解力》　エンリ・メイヤ　　英治出版

《日本型モノつくりの敗北》　湯之上隆　　文芸春秋

《永続成長企業のリアル経営学》　田村賢司　　日経BP

《大坂商人》　武光誠　　ちくま新書

《シナジー社会論》　今田高俊、館岡康雄　　東京大学出版会

《カルロス・ゴーン物語》　富ヨーコ作、戸田尚伸　　小学館

《オンリーワンは創意である》　町田勝彦　　文春新書

《シャープを創った男》　平野隆彰　　日経BP

《私の考え方》　早川徳次　　浪速社

《ただひとすじに》　花岡大學　実業之日本

漫画《シャープペンシルからの出発　早川徳次物語》　久保田千太郎　今道英治

《あんぽん孫正義伝》　佐野眞一　小学館

《シャープ百年史》

《Harvard Business Review》2016年7月　ダイヤモンド社

《哈佛商業評論中文版》116期　遠見天下文化出版

《哈佛商業評論中文版》123期　遠見天下文化出版

《遠見雜誌》2016年10月　遠見天下文化出版

《日產的文藝復興》　卡洛斯・戈恩　商周出版

《一個成本殺手的管理告白》　卡洛斯・戈恩、飛利浦・耶斯　國際文化出版

《虎與狐》　張殿文　遠見天下文化出版

《郭台名語錄》　張殿文　遠見天下文化出版

《常勝者的策略》　松田久一　商業週刊

《替你讀經典》　堺屋太一　天下雜誌等

（本書內文資料以2017年2月20日以前為準）

NOTE

NOTE

NOTE

NOTE

郭台銘的情人——夏普：被台灣買走的日本百年企業／姚巧梅著. -- 一版.-- 臺北市：大地, 2017.03
面：　公分. --（大地叢書：40）

ISBN 978-986-402-197-0（平裝）

1. 夏普株式會社　2. 企業合併　3. 企業管理

484.5　　106001605

郭台銘的情人——夏普：被台灣買走的日本百年企業

大地叢書 040

作　　者	姚巧梅
發 行 人	吳錫清
主　　編	陳玟玟
出 版 者	大地出版社
社　　址	114台北市內湖區瑞光路358巷38弄36號4樓之2
劃撥帳號	50031946（戶名　大地出版社有限公司）
電　　話	02-26277749
傳　　真	02-26270895
E - mail	vastplai@ms45.hinet.net
網　　址	www.vastplain.com.tw
美術設計	普林特斯資訊股份有限公司
印 刷 者	普林特斯資訊股份有限公司
一版一刷	2017年3月

大地

定　　價：300元